世界が驚く技術革命
フュージョンエネルギー

A technological revolution that will amaze the world Fusion Energy.

核融合エネルギーフォーラム書籍編集委員会
江尻晶、南貴司、谷口正樹、武田秀太郎／編著

C&R研究所

■権利について

- 本書に記述されている社名・製品名などは、一般に各社の商標または登録商標です。
- 本書では™、©、®は割愛しています。

■本書の内容について

- 本書は、2024年12月現在の情報をもとに作成しています。

●本書の内容についてのお問い合わせについて

この度はC&R研究所の書籍をお買いあげいただきましてありがとうございます。本書の内容に関するお問い合わせは、「書名」「該当するページ番号」「返信先」を必ず明記の上、C&R研究所のホームページ(https://www.c-r.com/)の右上の「お問い合わせ」をクリックし、専用フォームからお送りいただくか、FAXまたは郵送で次の宛先までお送りください。お電話でのお問い合わせや本書の内容とは直接的に関係のない事柄に関するご質問にはお答えできませんので、あらかじめご了承ください。

〒950-3122 新潟県新潟市北区西名目所4083-6　株式会社 C&R研究所　編集部
FAX 025-258-2801
『世界が驚く技術革命「フュージョンエネルギー」』サポート係

PROLOGUE

フュージョンエネルギーという言葉をご存じでしょうか。

本書を手に取られた方は、この言葉に何かしら興味を引かれたのだと想像します。これは魔法の呪文ではありませんが、それに匹敵するものと言ってよいでしょう。多くの人がフュージョンエネルギーに魅せられ、夢を見、そのために汗を流してきました。本書はその一端を紹介するものです。あなたも本書を読み終える頃には、フュージョンエネルギーがひらくサステナブルな未来に魅せられているでしょう。

本書の前作である「SUPERサイエンス 人類の未来を変える核融合エネルギー」が出版されたのは、2016年でした。その後、世界は多くの変化を経験し、今もなお、状況は刻々と変わっています。特にエネルギーを取り巻く世界情勢は不安定で、フュージョンエネルギーの開発もスタートアップ企業の興盛という大きな波を経験しているさなかです。本書が、そのような大きな波にのり、波を越えていく羅針盤となれば幸いです。

CHAPTER 1では、フュージョンエネルギーのもたらす夢を紹介します。続く、CHAPTER 2では、フュージョンエネルギーを実現する方法について、やさしく説明します。CHAPTER 3では、これまでの研究開発の歴史を振り返り、CHAPTER 4では、現在進行中の世界最大の実験プロジェクトであるITERについて解説します。CHAPTER 5では、実用化を見据えた研究開発の戦略を紹介し、CHAPTER 6では、昨今興盛なスタートアップ企業について背景も含めて解説します。最後のCHAPTER 7では、フュージョンエネルギーの研究開発がどのように広がっているのかを紹介します。

2024年12月
核融合エネルギーフォーラム書籍編集委員会

CONTENTS

■CHAPTER 2

フュージョンエネルギー　夢の実現に向けて

■CHAPTER 3

ここまできたフュージョンエネルギー

CONTENTS

■CHAPTER 4

動き出すITER

■CHAPTER 5

フュージョンエネルギーによる発電

■CHAPTER 6

産業に羽ばたくフュージョンエネルギー

■CHAPTER 7

日本の技術と国際交流

CHAPTER 1
フュージョンエネルギーの夢

SECTION-01

小型太陽を身近に

太陽の輝きはフュージョンの輝き

人類が生まれるよりもずっと昔、地球が形作られる頃から太陽は輝いていました。漆黒の宇宙に浮かんだ宝石のような太陽、私たちの太陽も遠くに輝く星々も、その輝きの源は主に水素の核融合反応です。

図に反応の様子を示します。式で表現するならば、6H → He+2H(Hは水素、Heはヘリウム)と表されますが、2Hは反応前後で変わっていないので、4H → Heと表してもよいでしょう。ようは、4つの水素が融合して1つのヘリウムができる反応で、このとき、発生する莫大なエネルギーが太陽を輝かせ、その光が地球を暖め、さまざまな生物をはぐくみ、私たちの生活を支えています。

◉太陽中心でのフュージョン反応

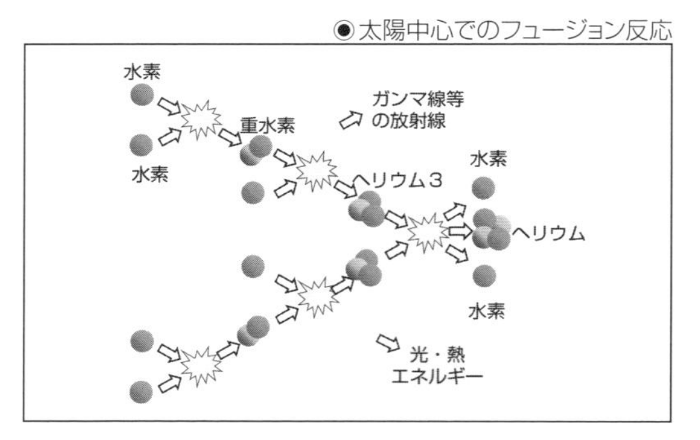

このような核融合反応を人類が自由に制御できるとすれば、宇宙の進化と言ってもいいかもしれません。もし、私たちが、たくさんの小さな小さな太陽を手にすることができれば、たくさんの小さな宇宙を創造したと言ってもいいかもしれません。そんな夢物語を現実にすることができるでしょうか。それを現実にするのが核融合エネルギー、あるいはフュージョンエネルギーです。

この本では誤解のない限り核融合をフュージョンと言い換えます。ちなみに英語では、フュージョンはFusionであり、核融合エネルギーをFusion Energyと呼びますので、フュージョンは英語風の呼び名と言ってもよいでしょう。また、フュージョンエネルギーは、核融合反応のエネルギーを指しますが、エネルギー供給システムという文脈で使われることが多いので、この本では、そのような意味でもフュージョンエネルギーという言葉を使うことにします。

フュージョンエネルギーでは太陽とは別の反応を採用

太陽の場合、4つの水素原子核が融合してヘリウムという別の原子核に変わる反応が、主な反応ですが、別の種類の反応もありますし、本当のことを言うと無数の種類の反応が存在します。その中で、人類のエネルギーとしてもっとも有望な反応はD+T → He+nと考えられています。これは1つの重水素(D)と1つの三重水素(T)が融合し、1つのヘリウム(He)と1つの中性子(n)が生成される反応です。図に、この反応と、三重水素を製造する反応を示します。

◉フュージョン炉での反応

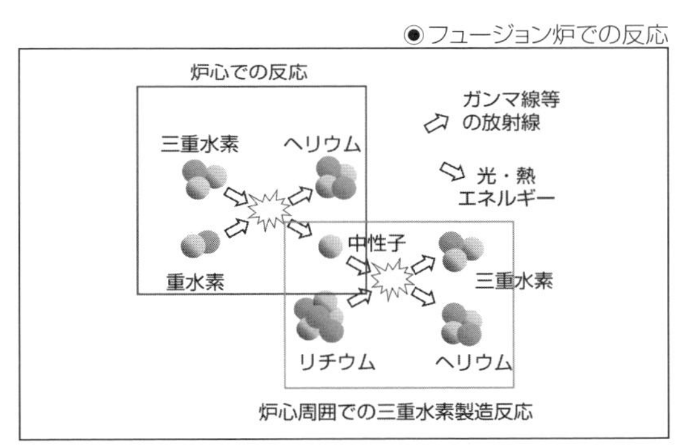

太陽内での反応の原料は水素でありますが、フュージョンエネルギーの場合、水素の同位体である重水素と三重水素を燃料とします。これらは、化学的な性質は水素と同じですが、重さが違います。重水素は水素におおよそ1/6000の割合で混入しており、水素が酸化した水の中にも含まれ、資源量としては無尽蔵と言ってよいでしょう。三重水素(トリチウム)は天然には、ほとんど存在しないのですが、図に示した中性子とリチウムを反応させることで生産できます。フュージョンエネルギーでは、重水素と三重水素の反応でエネルギーを生産すると同時に、この反応で三重水素を生産します。したがって、フュージョンエネルギーの燃料の実質的な資源量はリチウムで決まります。リチウムは電池の材料ですが、海水中に低濃度で存在し、それを低コストで回収することができれば、電池はもちろんのこと、フュージョンエネルギーにも役に立ちます。また、フュージョンエネルギーでは、少量の燃料から莫大なエネルギーを取り出すことができるので、リチウムのコストは問題にならないと考えられています。図の反応は、フュージョンエネルギーとしてもっとも有望と考えられている反応ですが、その理由はもっとも反応を起こしやすいからです。より反応が起きにくい反応もあり、それについては、のちほど紹介します。

SECTION-02

フュージョンエネルギーの特徴

大きなエネルギー燃料比と大規模集中エネルギー源

フュージョン反応は少量の燃料で莫大なエネルギーを生みます。重水素と三重水素の場合、燃料1グラムで石油8トン分のエネルギーを生産できます。すなわち800万倍のエネルギーを生産できますので、わずかな量の燃料しか必要とせず、これはエネルギー源としての魅力の1つです。現在の原子力発電は、フュージョンエネルギーと異なり核分裂反応を利用します。原子核の反応である点は同じですので、少量の燃料で莫大なエネルギーを生産できる点は同じです。少量の燃料は、ロケットや飛行機など燃料の重さが問題になる用途に有利となります。

必要な燃料は、重水素とリチウムであり、どちらも海水に含まれており、日本を始め多くの国では、簡単に燃料を入手でき、エネルギー安全保障という点で魅力的です。現在の日本の主要なエネルギーは火力であり、その燃料を安定的に確保するために政治的、外交的、時には警備上、軍事上の努力が必要であることを考えると、フュージョンエネルギーの実現は政治的な意義をもちます。

発電所を想定した場合、原子力発電所とフュージョンエネルギー発電所の大きさは同程度と考えられています。したがって、原子力発電所と同様に大規模集中型エネルギー源として運用することが考えられます。大規模集中の反語は小規模分散で、太陽電池、風力は、小規模分散電源の代表です。

カーボンフリーで安全なエネルギー源

フュージョンエネルギーの燃料や生成物に炭素が含まれないため、エネルギー生産自体では、二酸化炭素を生産せず、石油や天然ガスを燃料とする火力と大きく異なります。そのため、フュージョンエネルギーは脱炭素社会を支えるエネルギーとして期待されていますが、フュージョンエネルギーの発電所やプラントを作るときに必要な材料や建設資材を準備したりするときに、二酸化炭素を排出する可能性があります。したがって、カーボンフリーと呼ばれる発電方法でも、二酸化炭素をまったく出さないわけではないです。

次のグラフは建設から運用までのさまざまな間接的な温室効果ガスを考慮

して、カーボンフリーと考えられている発電方法を比較したものです。同じ電力を産み出すために排出する二酸化炭素量を横軸に示しています。研究者によって推定値は異なりますが、フュージョンエネルギーは、カーボンフリーと考えられている発電方法の中でも優れている方だと言えます。また、莫大なエネルギーを生産できれば、そのエネルギーで二酸化炭素を回収・貯留することも可能ですので、フュージョンエネルギーに伴う二酸化炭素排出は実質的に問題にならないと考えられます。

◉フュージョン発電所の温室効果ガス排出量(さまざまな研究による推計値のまとめ)

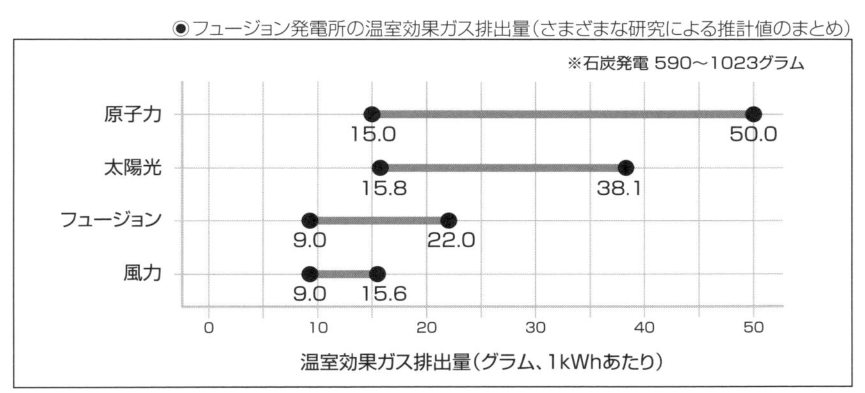

安全性は、もっとも重要な観点の1つですが、評価が難しいものです。燃料や施設の爆発、炉心の溶解、テロや自然災害による放射性物質の四散、発電施設の火災や倒壊、敷地の土砂崩れなど、エネルギー源にはさまざまなリスク、危険があり得ます。フュージョンエネルギーの発電所やプラントではこれらの危険の可能性は少ないと言ってよいでしょう。

フュージョンエネルギーで現在もっとも警戒すべきリスクは放射性物質とその四散です。また、放射性廃棄物も問題になる可能性があります。重水素と三重水素の反応では、中性子が発生します。この中性子が物質に衝突すると、それまで放射線を出さなかった物質が放射線を出す物質になることがあります。このような現象を放射化と呼び、天然の放射化では、宇宙線による窒素の放射化(放射性炭素)とそれを用いた年代測定が有名です。フュージョンエネルギーでは、放射化されにくい材質を用いることで、そのリスクを極限まで小さくすることを考えています。また、のちほど説明する先進フュージョン燃料では、放射化が原理的にかなり減らせる可能性があります。

これらのフュージョンエネルギーがどのような未来社会を実現するのか、どんな夢がかなうのかについて、この後紹介していきます。

SECTION-03

フュージョンエネルギーがIT社会を支える

データセンターやAIを動かす電力

近年のIT技術の発展は、素晴らしいものです。IT技術はデータを扱いますが、膨大なデータを集め保存・活用する必要があり、これらを行う場所をデータセンターと呼びます。コンピューターの並べられた大きなビルを想像してもらえればよいでしょう。この施設内のコンピューターや通信機器を動かすための電力と、これらから発生した熱の排出にも電力が必要になります。IEA(国際エネルギー機関)の報告によれば、2022年の世界のデータセンターの電力消費は日本全体の電力消費に相当し、それが急激に増加しています。

これらの従来型のデータセンターの電力に加えて、最近では、AI(人工知能)に必要な電力が問題になりつつあります。AIは人間の知能を模すことができ、さまざまな夢を実現しつつあります。人間の代わりにトラックやバスを運転できるようになれば、運転手の不足が解消し、日常生活が便利になります。生成系AIと呼ばれるものを用いれば、さまざまな文章や画像を労せずに作成できます。これらのAIは、膨大なデータを集め、それらをまるで人間のように学習することによって、よりよい運転技術、文章・画像作成を実現しますが、その学習過程や計算に、膨大な電力が必要です。

データセンターやAIの電力を抑えるための省電力コンピューターの開発、空調電力を抑えるために寒冷地での設置、あるいは電気料金の安い国への移転、さまざまな対策が練られていますが、電力需要の爆発的な拡大には頭打ちが見えない状況です。

IT技術を支えるには電力が必要です。省エネ、省電力は必須ですが、ITの恩恵を受けるには、電力供給能力を上げる必要があるように思われます。新しいエネルギー源、しかもカーボンフリーであるエネルギー源としてフュージョンエネルギーが期待されています。

SECTION-04

電力だけじゃない フュージョンエネルギー

期待されるフュージョンの幅広い活躍

電気が今日の文明を支える重要なエネルギーであることは疑いがありません。一方で、世界全体の最終エネルギー消費に占める電力の割合はわずか2割程度に過ぎないことをご存知でしょうか。フュージョンエネルギーは、残りの8割にあたる世界の多様な需要にも対応して活躍できる、社会の根底を支えるエネルギー源であることをご紹介しましょう。

電力という物語から外れた先に、フュージョンの利用にはどういったものがあるのでしょうか？　研究者たちは昔から、フュージョンエネルギーによる海水の淡水化、がん治療、地域熱供給、宇宙推進などの応用を研究してきました。そしてフュージョンがさまざまな温度の熱を生成できる性質から、非常に幅広い産業分野でのフュージョンの利用が構想されています。

◉最終エネルギー消費セクターごとの円グラフ

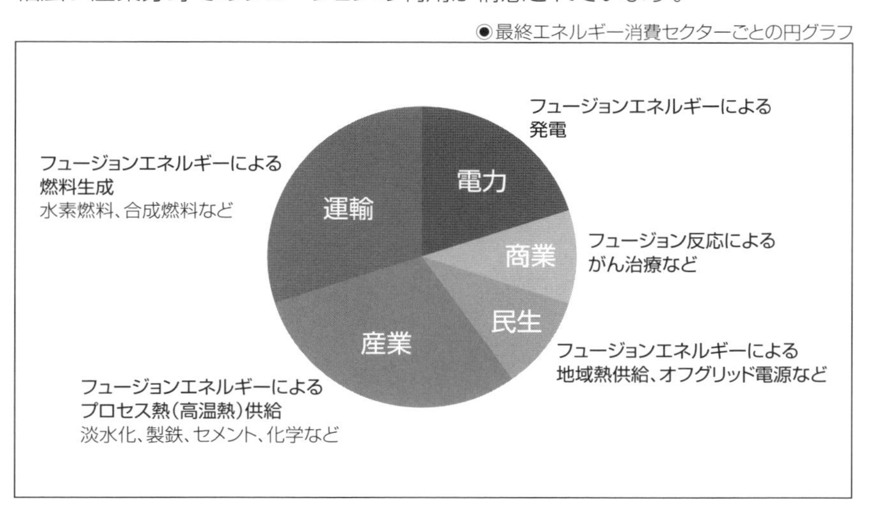

カーボンフリー社会を支えるフュージョン

中でも重要と考えられているのが、フュージョンの生み出す高温を使って、森林などのバイオマス資源を水素燃料や合成燃料へと効率よく生まれ変わらせるプロセスです。このように、発電だけでなく燃料製造まで含めたエネルギーシステム全体を、温室効果ガスを排出することなく、かつ無尽蔵に駆動できるエネルギー源であるフュージョンエネルギーこそ、将来のカーボンフリー社会の中心となり得るエネルギーと言えるかもしれません。

◉フュージョンエネルギーが生み出すカーボンフリー社会

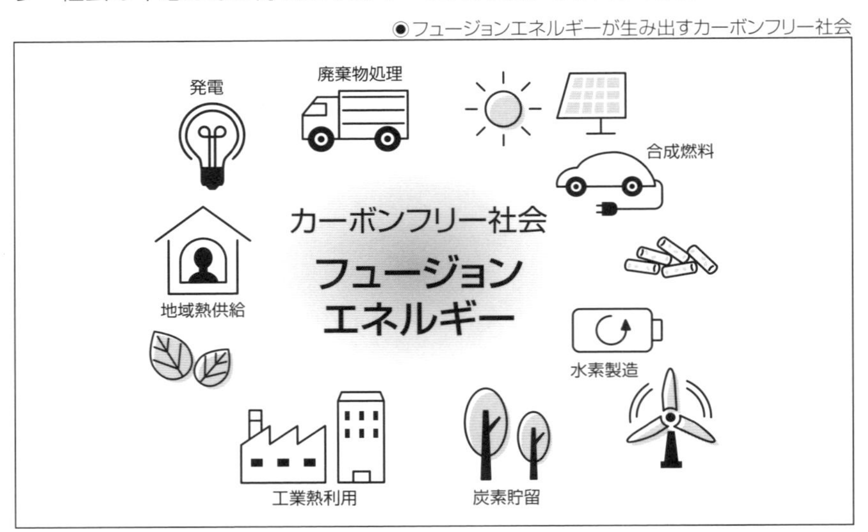

SECTION-05
日本に適したフュージョンエネルギー

日本はもっとも太陽光が普及した国

日本は豊かな自然に恵まれた国ですが、平地が少ないため、さまざまな制約があります。航空写真を見ればわかるように、平野には街が広がっているものの、山間部では、山と山の間の川沿いに街が広がっています。もちろん、田んぼの広がった平野もあります。平地であれば、街を作ったり、田畑として活用したり、工場、発電所を配置したりできますが、斜面にこれらを作るのはたいへんです。現在の日本では、広くはない平野を取り合っている状況です。

日本の太陽光発電の導入容量は国土面積当たりに換算すると世界トップで、2位はドイツですが、平地面積当たりに換算するとドイツの2倍になります。これは航空写真をみると如実です。一昔前であれば、都市近郊の丘陵はゴルフ場でしたが、今は太陽光発電施設で占められています。また、丘を削って平らにして大規模太陽光発電施設を作ることは珍しくありません。航空写真で面積を概算して、Webで出力を調べると、例えば、1平方キロメートルで50メガワットです。一方、例えば、柏崎原子力発電所であれば、2平方キロメートルの敷地で8ギガワットです。ギガはメガの千倍ですので、原子力発電所と太陽光発電所では、百倍程度の差があることがわかります。

フュージョン発電所の敷地面積

フュージョン発電所はまだないですが、現在、もっとも大きな施設であるフランスに建設中の実験施設ITERを航空写真で調べることができます。敷地面積は約1平方キロメートルでフュージョン出力は500メガワットを予定しています。ただ、これは、実験施設であり、本格的な発電はせず、発電に必要な試験をするだけですので、単純な比較はできません。フュージョン発電所の設計研究から、敷地面積は原子力発電所のそれと同定度であろうと言われています。また、電気出力は、原子力発電所と同程度かやや小さいものが考えられていますので、大規模集中型の発電施設となることは間違いないでしょう。平野の少ない日本で、新たな電力源を持つとすれば、大規模集中型は魅力的です。

日本のエネルギー事情

現在の日本のエネルギーは、石炭、石油、ガスで全体の75%が占められ、残りが水力、地熱を含めた再生エネルギーと原子力です。石炭、石油、ガスは海外からの輸入頼みであり、これらの輸出国と日本の関係が友好的であればよいですが、その関係が突然変わり得ることは昨今の情勢が示しています。

国に必要なエネルギーをいかに安定に確保するかをエネルギー安全保障と呼びます。安定なエネルギーの確保は日本の悲願です。原子力発電が準国産エネルギーとして推進されてきた背景には、このエネルギー安全保障があります。

原子力発電所では、燃料(棒)を設置し5年ほど使うことができます。また燃料をリサイクルすることも可能で、一度燃料を輸入すれば長期にわたり使用できるので、準国産と呼ばれます。フュージョンエネルギーの燃料は先に記したように海水から取り出せますので、純国産と言ってよく、同じ純国産の水力、太陽光、風力、地熱と並んで、エネルギー安全保障という意味で魅力的です。

海外の適地に比べると、日本の天候は太陽光にも風力にも不利と言われています。雨が多く晴天が少ない、あるいは台風や落雷など風力発電施設の脅威となる天候があります。先に述べた平地の問題もあります。太陽光の場合、設備の大きさに対する発電実績は、世界ランキングでは最下位に近く、風力でも状況は似ています。太陽光、風力は国産エネルギー源として確保するのは大事ですが、なるべく適地に設置するのがよいでしょう。

◉純国産エネルギー

これまでは、燃料と立地で国産かどうかを判断してきましたが、実は設備が国産か、輸入品かも大事な観点です。設置費用の回収年数は、これから太陽光発電や風力発電を導入しようとする個人や企業が常に注意する点ですが、太陽光、風力の回収年数は10年程度と言われています。これは生み出す電力の価格に比べて、結構な金額の設備が必要であることを意味します。現在の設備はほとんど輸入品です。国内メーカーが製造した設備がないわけではないのですが、価格競争あるいは性能競争で国内メーカーは太刀打ちできなかったためです。

設備のメンテナンスや更新で海外メーカーに頼らなければならないとすれば、エネルギー安全保障という意味では見過ごせない状況です。もちろん、日本の大学や企業は、新しい技術や高性能設備を開発し巻き返そうと頑張っていますので期待してください。

輸出産業としてのフュージョン

フュージョンエネルギーの開発では、日本は世界トップレベルです。学術的にも技術的にもこれまで着実な成果を上げてきました。また日本のメーカーは国内、国外の実験装置を数多く製作した実績があります。

現在建設中の世界最大の装置である「ITER(イーター)」は7つの国や地域が、各部品の製造を分担していますが、日本は主要部品を多く担当しており、ある意味、これが参加国の実力を反映しています。

今後、世界での競争が激しくなっていくと思われますが、今のところ日本はいい位置についています。日本製のフュージョンプラントが世界を席巻するのも夢ではないかもしれませんし、日本の最大輸出産業になる可能性もあります。もちろん、太陽電池、自動車、半導体の歴史が示すように、常に1位を保つのは難しいかもしれません。また、1つの製品には、いろいろな企業、いろいろな国がかかわっていますので、最終組み立て国だけで評価するのはあまり意味がないかもしれません。そういう意味では、他に追随を許さない技術を持つことが大事でしょう。

SECTION-06

月面開発

月面開発の目的

昨今、月探査がブームになっていますが、月へ観光に行きたいからではなく、月面開発という思惑が背景にあります。月の資源を採掘して地球に持ってくるのが目的ではなく、月を他の天体、例えば、火星や小惑星開発の基地にするのが目的です。その理由は月の低重力にあります。地球に比べて重力が弱く、宇宙に行くのが楽です。

◉月

宇宙に行くには出発地の重力から逃れる必要があり、そのために必要な速度を第二宇宙速度と呼びます。地球の第二宇宙速度が毎秒11kmであるのに対し、月の第二宇宙速度は毎秒2.4kmで大きな差があります。この差は打ち上げられる質量と燃料の比に大きな影響を与えます。ツィオルコフスキーの公式と呼ばれる式を用いて簡単な試算をすると、地球から1トンを打ち上げるには、15トンの燃料が必要になりますが、月から打ち上げる場合は、0.8トンの燃料で済みます。したがって、地球上で宇宙船を製造して打ち上げるよりも、月面上で宇宙船を製造して打ち上げた方がずっと効率的です。

月面からの打ち上げでは、ロケットは不要かもしれません。月の重力圏から脱出するために必要なのは、速度ですので、リニアモーターカーの台車に宇宙船を載せて、水平方向に加速すればよいのです。いわゆる電磁カタパルトです。これであれば、電力があればよく、燃料は不要です。また、月面は空気がなく、加速しても空気抵抗がないので、電磁カタパルトが適しているように思われます。電磁カタパルトはまた、地球や月に衝突しそうな小惑星の撃墜にも使えますので、今後の宇宙開発には欠かせないものになる可能性があります。ただし、電磁カタパルトには電力が必要になります。

月面開発に必要なもの

月面上で宇宙船を製造するとして、何が必要でしょうか。必要なものを地球から持っていっては、先に述べた理由で無意味です。すべてとは言わないものの、地球から持っていくものの質量は最低限にする必要があります。宇宙船の材料となる金属などはもちろんのこと、鉱工業や人間が生活するための水は、大量に必要となるため、月で採掘する必要があります。

現在までの月面調査では、南極のクレーターの底に水氷があるのではないかと言われています。極地は太陽高度が低く、クレーターの周囲の山の影が長く、深いクレーターの底であれば、何十億年もの間、太陽光が一度も当たらない影になっています。そのような影であれば、温度が低く、氷が存在できると考えられています。そこで、水を採掘しようと各国が考えています。採掘にしろ、工業にしろ、エネルギーは必要です。太陽光は月面のエネルギー源として有望ですが、極地では太陽高度が低いため工夫が必要です。

もう1つの困難は、月面上では昼が半月間続き、夜が半月間続きますので、夜の間のエネルギーをどうするかが問題になります。1つの解決策はフュージョンエネルギーです。フュージョンエネルギーは太陽に左右されず安定にエネルギーを供給できます。ただし、現在のフュージョンの実験装置は大きく、重いので、地球から持って行くのは論外ですし、月面上で製造するのも容易ではないです。フュージョン装置の小型化軽量化は、フュージョンエネルギーの最重要課題の1つといえます。

月面にはヘリウム3と呼ばれる特殊なヘリウムがあると言われています。このヘリウム3は現在考えられている重水素、三重水素のフュージョン反応とは別の反応を引き起こします。この反応の長所短所はここでは述べませんが、1つの問題はヘリウム3の確保です。月面でヘリウム3を確保できれば、燃料の確保の手間が省けます。意外に月とフュージョンエネルギーは相性がいいのかもしれません。

SECTION-07

宇宙用のフュージョンエネルギー開発

外惑星探査、恒星探査ロケットエンジン

先に触れたツィオルコフスキーの公式は、燃料の質量だけでなく、燃料の噴射速度にも依存します。通常の化学燃料を用いた場合の噴射速度は毎秒4〜5kmですが、小惑星探査機はやぶさで用いられたイオンエンジンでは荷電粒子を電気的に加速して噴射するため、その噴射速度は毎秒数十kmとなり、この点では化学燃料ロケットよりも一桁効率がよくなります。残念ながら噴射できるプラズマの時間当たりの質量が小さいため、短時間で加速しなければならない重力圏からの脱出のような用途には適しません。

フュージョンエネルギーはプラズマの荷電粒子を用いる点はイオンエンジンと同じですが、莫大なパワーを出すことができますので、フュージョンエネルギーを利用したロケットエンジンは化学燃料ロケットエンジンとイオンエンジンの長所を備えているといえます。一方、フュージョンエネルギーを生み出す炉そのものは大型で大重量が予想されていて、ロケットエンジンとして使うには小型軽量化が必須となります。

はやぶさでは、イオンエンジンを駆動するために太陽光発電が用いられています。地球軌道付近では、太陽光は1平方メートルあたり1.4キロワットのパワー密度を持ちますが、太陽から離れるにしたがって小さくなります。例えば木星付近では、この値は1/30になりますし、隣の恒星へ探査機を送る場合には太陽光発電は使えません。このようなケースでは少燃料で動作するフュージョンエネルギーが期待されており、いくつかの研究機関や企業が宇宙用のフュージョンエネルギーの開発に乗り出しています。

ちなみに、現在、深宇宙を慣性航行しているボイジャーなどの探査機は、原子力電池を電源にしています。原子力電池は放射性物質が崩壊するときにだすエネルギーを電気にかえるもので、小型小出力でメンテナンス不要、長寿命であるのが特徴で、深宇宙探査機に適しています。また小出力であるため、大推力ロケットエンジンには適しません。

SECTION-08

超小型フュージョンエネルギー

超小型炉の需要

フュージョンエネルギーは、少量の燃料で大きなエネルギーを生み出せるので、システム(あるいはプラント)全体が小型化、軽量化されれば、さまざまな用途に適用できます。

現在のジェット機では、総重量の約半分近くが燃料ですので、燃料を軽くできるフュージョンエネルギーは魅力的です。先に紹介したようにフュージョンエネルギーでは、1グラムの燃料で石油8トン分のエネルギーを発生させることができますので、飛行機のエネルギー源をフュージョンエネルギーに置き換えることができれば、少量の燃料で長い時間、滞空することができ、残燃料や燃料補給について心配する必要がなくなります。そこで、あるスタートアップ企業では、超小型フュージョンエネルギーを用いたホテルのような飛行機を考えています。

フュージョンエネルギーのプラントは現在の原子力発電所と同程度の敷地を考えていますので、超小型というのは、それに比べてという意味です。それでも、飛行機に搭載できるほど小型軽量なエネルギー源ができれば、当然ながら、自動車、船舶への適用も考えられます。また、月面や南極などの辺境への持ち込みも容易になります。後述する世界最大の実験装置ITERの本体の重量は約2万トンであり、大型ジェット機が400トン程度であることを考えると、2桁近く差がありますので、フュージョンエネルギーの超小型化には発想の転換が必要で、さまざまな方式のフュージョン炉が考えられています。

SECTION-09

フュージョンは技術のかたまり

ハイテク産業としてのフュージョン

フュージョンエネルギーはフュージョン反応を利用しますが、太陽のような高温のプラズマからのエネルギーを受けとめるため、プラズマをとり囲む構造は、高温や過酷な条件に耐えられる材料でなければなりません。また長時間高温プラズマを維持するためには超伝導コイルで磁場を発生させる必要があります。

反応を始める、すなわち点火するためにプラズマを加熱する装置、リチウムから三重水素を生産するブランケットと呼ばれる部品、高温プラズマを測定するためのさまざまな計測機器など、高性能で特殊で多種多様な機器や部品が必要になります。そのため、各国、各企業はこれらの開発にしのぎを削っています。

実際ITERでは、各国が部品や機器を分担して製作納入するのですが、自国の技術をアピールするとともに、自国の技術を高める絶好の機会ととらえて、受注競争をしました。このようにして日本が開発した技術の中には他国の追随を許さない高い技術レベルのものが多数あります。

フュージョンエネルギーが普及すれば、高い技術をもつ部品や機器を皆が採用するようになります。現代の自動車産業は、多くの部品メーカーを潤しましたが、フュージョンエネルギー産業も自動車産業と同様の大きな産業になる可能性があります。実際、近年のフュージョン関連のスタートアップ企業のいくつかは、そのような産業化を想定して設立されました。すなわち、フュージョン産業をビジネスチャンスととらえています。

SECTION-10

安全なエネルギー

容易に停止するフュージョン反応

どのようにして高温プラズマを生成維持し、フュージョン反応を引き起こすかについては次章で説明しますが、これまでのフュージョンエネルギー研究の歴史のかなりの部分は、いかにして効率よく高温プラズマを生成し維持するかでした。

高温プラズマは、ちょっとしたことで不安定になり、冷えたり消滅したりしますので、それをいかにして防ぐかが大きな研究テーマでした。逆に言えば、高温プラズマは簡単に冷え、消滅しますので、反応を停止させることが簡単にできます。この点が、既存の化学燃焼、原子炉中の核分裂連鎖反応と大きく異なる点です。たとえて言うならば、フュージョン反応は、湿った薪に火をつけるようなものです。中々火がつかないですし、火がついても水分を蒸発させるのにエネルギーを使いますので、燃焼を持続させるのには苦労しますから、「暴走」して止められないような事故は原理的に起きません。

フュージョンエネルギーにおける放射線のリスク

現在もっとも有望と考えられている重水素と三重水素のフュージョン反応でも、放射線のリスクがあります。1つは燃料である三重水素が弱い放射線を持ちます。弱い放射線であるため、体外であれば皮膚でとまってしまうので問題にはなりませんが、体内に取り込まないようにしなければなりません。また、フュージョン反応で生成された中性子が周りの物質の一部を放射性物質に変え、最終的に固体廃棄物になる恐れがあります。そこで、放射性物質になりにくい材料、放射性物質になったとしても長寿命(100年以上)の放射性物質になりにくい材料の研究開発がされています。

現在の原子炉は、核分裂反応そのものが長寿命の放射性核種を生成しますが、フュージョンエネルギーでは、材料を工夫することで、現在の原子炉に比べて大幅に放射性廃棄物の問題を軽減できます。

上記の放射性物質の生成は、中性子が原因ですので、中性子をほとんど生成しないフュージョン反応の研究もされています。また、いくつかのスタートアップ企業では、このような反応によるフュージョンエネルギーの実現を目指しています。一方、中性子を生成しないフュージョン反応は、重水素と三重水素の反応に比べて、反応を起こすのが難しく、先進フュージョン反応、先進フュージョン燃料と呼ばれており、実用化は難しいと考えている人も多いです。

電磁力のリスク

フュージョンエネルギープラントは、プラズマ自体が複雑な振る舞いを示すとともに、多種多様な部品と機器が使われるため、既存のどの発電所よりも、既存のどの乗り物よりも複雑なシステムになると考えられます。そのように複雑なシステムを運転するには、高度な制御系が必要になります。

部品の経年劣化、部品の定格(温度、圧力、電圧等)を越えることに注意を払うのはもちろんですが、フュージョンエネルギーの場合、これらに加えてプラズマに由来する事故等に注意する必要があります。

その1つがプラズマの持つ電磁力です。予期せぬ電磁力、突然変化する電磁力が、フュージョンエネルギー特有のリスクとなります。大きな電磁力によって機器が壊れるのを防止するための研究がおこなわれています。

SECTION-11

中性子という粒子

中性子の利用

身の回りにある物質は原子で構成され、原子は電子と原子核で構成されます。原子核は正の電荷をもつ陽子と電荷をもたない中性子から構成されますが、中性子は単体では15分ほどの寿命で崩壊します。一方、中性子は、電荷をもたないため、物質と特有の相互作用を示し、さまざまな用途に利用されます。用途の1つは散乱を利用する方法で、ものの構造や性質の研究に使われます。中性子はまた、医療用に使われ、例えば、がんの治療、種々の医療診断のための放射性物質の生産に用いられます。

フュージョン炉はこのような目的のための中性子源として期待されています。他の中性子源としては、核分裂を利用した原子炉、加速器が有望ですが、フュージョン炉は比較的高いエネルギーの中性子を大量に作り出せる点が特徴で、この特徴を活かした応用が考えられています。地中に埋まった地雷の探知にも中性子が使えると期待されていますが、この場合は、超小型で可搬のフュージョン炉が必要になり、慣性静電閉じ込め方式と呼ばれる高電圧を用いた手法が研究されています。

中性子源としてのフュージョンは、必ずしもエネルギーを生み出す必要はなく、電気を消費して中性子を生み出してもよいです。それでも、十分な数の中性子が必要になるので、効率が低くては使い物にならず、効率を高めるための研究がおこなわれています。

◉原子の構造

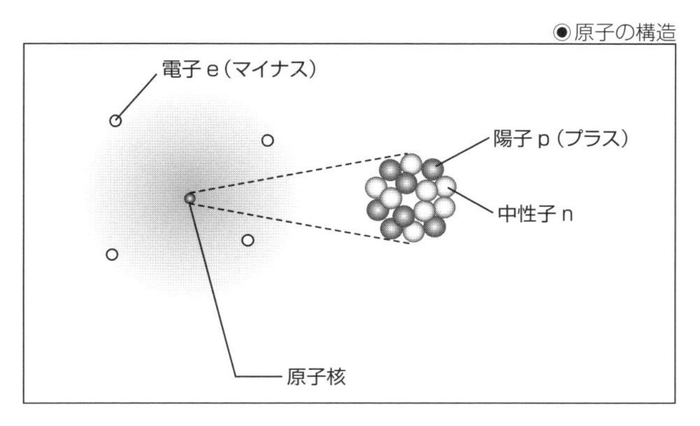

SECTION-12

南極でのCO_2回収・貯留

カーボンニュートラルとカーボンネガティブ

大気中の二酸化炭素(CO_2)は、地上から放射される赤外線を吸収する性質があり、地球全体としては、地球を冷やす効果のある赤外線を遮断して地球を冷めにくくする効果があります。これを温室効果と呼び、地球の温暖化の主要な原因物質である大気中の二酸化炭素を増やさないようにすることが求められています。

二酸化炭素は化石燃料の燃焼で発生するので、二酸化炭素を生成しない再生エネルギーの普及やフュージョンエネルギーの実現が求められています。このように二酸化炭素を排出しないことをカーボンニュートラルと呼びます。一方、大気中の二酸化炭素を減らすことはカーボンネガティブと呼び、いくつかのスタートアップ企業で試みられています。大気中の二酸化炭素は非常に低濃度であり、大気中から効率よく二酸化炭素を取り出す必要があり、また、回収した二酸化炭素を大気に戻らないよう貯めておく必要があり、どちらも難しいのが現状です。

南極での二酸化炭素貯留

1気圧の二酸化炭素のガスは、マイナス79度で体積が縮んで固体のドライアイスとなります。圧力が高ければより高温でもドライアイスになります。南極点の年平均気温は約マイナス50度で、7気圧程度でドライアイスとなりますので、雪原を掘って、ドライアイスを埋め、上から60mほどの水氷でふたをすれば、ドライアイスを安定に確実に保管できる可能性があります。例えば、大気中の全二酸化炭素をドライアイスにすれば、深さ100mで100km四方に収まるので、南極で保管(貯留)するのは難しくはないです。

さて、大気中の二酸化炭素は0.04%と低濃度ですので、これを回収、精製するにはエネルギーが必要です。プラントを考えると、エネルギー源として大規模集中型であるフュージョンエネルギーが考えられます。風力も候補となりますが、適地を探す必要があるのと厳しい環境で多数の風力発電設備を維持しなければならない点が課題です。

SECTION-13

人類の白亜紀を築く

無尽蔵の資源量

白亜紀とは今から1億4500万年前から6600万年前まで続いた時代で、恐竜が栄え、鳥類、哺乳類が進化した時代でした。その長さは実に8000万年です。さて、現在栄えている人類はどうなるのでしょうか。少しずつ進化しながらも地上最強の種として存続するでしょうか。

人類が文明的な生活を維持するためにはエネルギーが必須です。太陽の残りの寿命は50億年程度ですので、太陽光、水力等のエネルギーはずっと使えるのでしょうか。太陽電池を作り続けたり、水力発電用ダムを長期間維持したりできるのでしょうか。少なくとも化石燃料は、枯渇するか、採掘コストが高くなりすぎると考えられます。

フュージョンエネルギーはどうでしょうか。フュージョンエネルギーの資源量は、三重水素を生成するためのリチウムで決まると考えられています。現在、リチウムは鉱山や塩湖で採掘されますが、海水中に低濃度のリチウムが存在することが知られており、これを効率的に回収精製することが研究されています。海水中のリチウムがフュージョンエネルギーの使える年数を決めるとすると、資源量は、人類の電力需要を1000万年以上まかなうことできます。人類白亜紀を築くのであれば、このぐらいの資源量は必要になります。もし、本当に人類が1000万年以上続くとしたら、さまざまな技術が開発され、例えば、先進フュージョン反応が実現しているかもしれないですし、高効率低価格太陽電池が実用化されているかもしれません。これらを利用して、人類は太陽系や銀河系を飛び回っているでしょう。

SECTION-14

多彩な炉方式

閉じ込め方式、配位

自動車には、ガソリンエンジン車、ディーゼルエンジン車、電気自動車、ハイブリッド車などさまざまなタイプの自動車があり、それぞれ特徴があり、使い分けられています。同様にフュージョンエネルギーにも異なる方式があり、それぞれ特徴を持っています。フュージョンエネルギーのためには、高温高密度プラズマを効率よく生成維持する必要があり、その方式で分類することができます。高温プラズマを強い磁場で長時間保持するのが磁場閉じ込め方式です。次章で説明するようにプラズマが磁力線に巻き付く性質があることを利用して、磁場を用いて、狭い領域にプラズマを閉じ込め、壁に触れて冷えることがないようにします。一方、レーザー等で燃料を圧縮して超高密度状態を短時間保持するのが慣性閉じ込め方式です。磁場閉じ込め方式は、さらに磁場の生成方法や形状で分類することができ、代表的なものを解説します。これらは閉じ込め方式と呼んだり、配位と呼んだりします。

ダイポール方式

ダイポール閉じ込め方式(ダイポール配位)は、円形のコイル1つで構成されます。このコイルでは円に沿って電流が流され、その周りを取り囲むように磁力線ができ、この磁力線上にプラズマが存在します。これは地球や木星がもつ磁場と同じですが、惑星の場合、惑星内部に円形の電流が流れ、宇宙に伸びた磁力線は惑星に当たります。

一方、ダイポール閉じ込め方式では、磁力線はコイルの内側を貫き、コイルに当たらないので、高温のプラズマがコイルに当たらないため、冷えにくい構造を持っています。ただし、多くのコイルは電流を供給する配線があり、ここにプラズマが当たるとあっという間にプラズマは冷えてしまいますので、コイルを空中に浮かせる必要があります。そのため、ダイポール方式では、超伝導コイルを用い、長い時間(例えば1日間)電流が流れ続ける状態にして、磁場の力で超伝導コイルを釣り上げて空中に保持します。静かなプラズマを長時間維持するのが得意で、フュージョンエネルギー以外にさまざまな応用があります。

ミラー方式

ミラー方式は、2つ以上の円形コイルを並べたもので、円形コイルを貫く磁力線上にプラズマを閉じ込めます。1本の磁力線に沿って運動するプラズマは、円形コイルに近い磁場の強い領域で反射され、結果的に2つのコイルの間の磁場の弱い領域に閉じ込められる性質があります。この性質からミラー方式と呼ばれ、また、構造が単純であることから、古くから研究された方式です。ただし、磁場の強い領域で反射されず、外側へ逃げ出すプラズマが一定数存在し、そのプラズマをいかに閉じ込めるかが課題で、別の工夫が試みられています。

◉ダイポール方式、ミラー方式

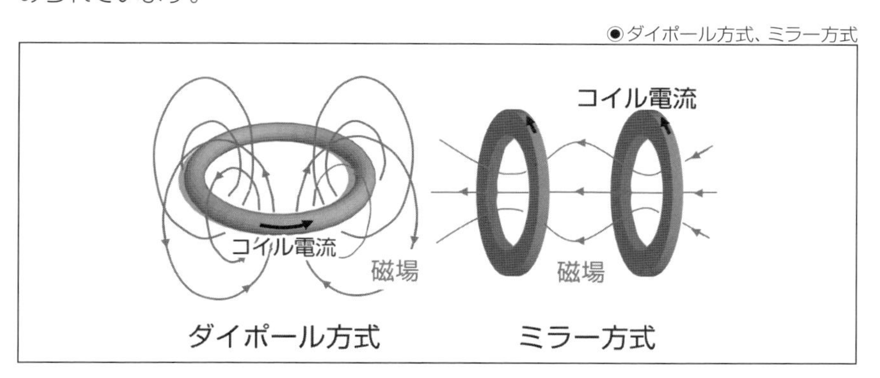

磁場反転方式

磁場反転配位は、ダイポール磁場を作るコイルをプラズマに置き換えたもので、プラズマ中に電流を流すことで、磁力線を作ります。プラズマの外側に円形コイルをいくつか配置することで磁力線を変形したり、プラズマを左右に動かしたりできます。2つの磁場反転配位のプラズマを作って、お互いに衝突させて、衝突エネルギーを使ってプラズマを高温にすることができるため、注目されています。ただし、プラズマ中に電流を長時間流し続けるのが難しく、比較的短時間でプラズマは消滅します。

トカマク、ヘリカル方式

多数の円形コイルを円周上に並べることで、コイルの内側にドーナツ状の領域ができます。この領域では円周上に沿って磁場ができ、磁力線は、コイルや壁に当たらないので、ドーナツ状のプラズマを保持できます。ただし、これは厳密には正しくなく、実際のプラズマを保持するには、円周に垂直な円周に巻き付くような磁力線が必要になります。このような磁力線を作るためにプラズマ中に電流を流すのがトカマクと呼ばれる閉じ込め方式で、円形でないコイル(例えば螺旋状のコイル)を用いるのがヘリカル方式またはステラレータ方式と呼ばれます。コイルの変形のさせ方でさまざまな磁力線構造が実現できることから、フュージョンエネルギーに適した磁場構造が探索され、多種多様な装置が考案されテストされ、今も磁場構造の研究が盛んです。

◉トマカク、ヘリカル方式(ステラレータ方式)

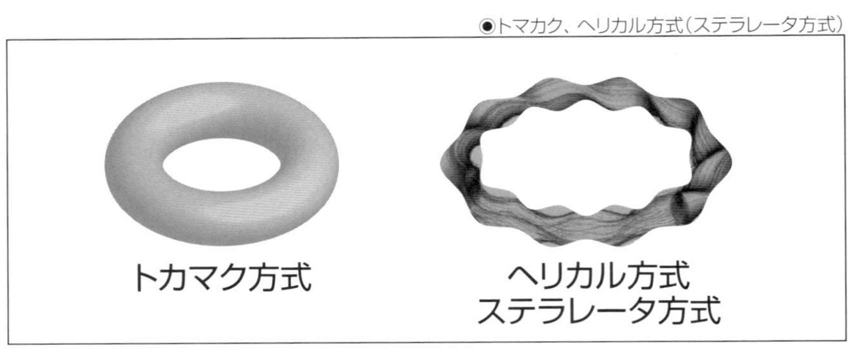

慣性閉じ込め方式

四方八方からレーザーを球状の燃料に照射して、加熱されて広がる燃料の反作用で残りの燃料を1000倍ほど圧縮し、超高密度状態をつくり、短い時間でフュージョン反応を起こさせる方法を慣性閉じ込めと呼びます。レーザー以外に重イオンビームを用いることもあります。世界最大の施設は、米国ローレンス・リバモア研究所にあり、最近、投入したレーザーのエネルギーの1.5倍のフュージョンエネルギーを生み出して話題になりました。国内では、大阪大学が少し異なる方式を研究しており、高圧力プラズマの生成に成功し注目を集めています。

もっとも優れた方式は

さまざまな方式に優劣を決めるのは簡単ではありません。多くの人が好む方式は優れていると言ってよいでしょうか。フュージョンエネルギーの研究開発でもっとも多く製作され、もっとも多くの人々が研究したのはトカマク方式です。この方式は高温高密度プラズマを効率よく生成できることから、フュージョンエネルギーの実用化にもっとも近い方式と考えられ、現在、建設中の世界最大の装置ITERは、この方式を採用しています。本書でもこのトカマク方式を主に取り上げます。ただし、課題もあり、課題解決に向けて研究が精力的に行われています。また、トマカクでの課題が問題にならない方式で研究開発も行われています。近年のスタートアップ企業は、トマカク方式だけでなく、先に示したさまざまな方式を採用し、研究開発をしており、百花繚乱と言ってもよい状況です。理由の1つは、技術開発の進展であり、過去には実現できなかった高い性能の部品があります。このような状況で、どの方式が生き残るのか、あるいは新しい方式へと進化していくのか、楽しみな状況です。

SECTION-15

もっと未来のフュージョン

先進フュージョン反応

現在多くの人々が想定しているフュージョン反応は、三重水素と重水素が反応してヘリウムと中性子が生成される反応です。この反応は比較的低温（低温といっても1億度ですが）で反応が起きることから、他の反応に比べて実現が容易だと考えられています。他にも候補となる反応はありますが、より高温でないと反応が起きないため、技術的な難易度が高いです。一方、技術的な難易度が高くても、利点があれば検討に値します。そのような反応を先進フュージョン反応と呼びます。

さて、このような先進的な反応の利点は、三重水素と重水素の反応の問題点を克服できると言い換えられます。この問題点とは、高エネルギーの中性子による炉を構成する材料の損傷です。先に記したように、低レベルではありますが、放射性廃棄物が生成されますので、可能な限り放射化を抑制すべきです。そこで、中性子を生成しない反応や中性子が発生しにくい反応が検討されています。重水素とヘリウム3の反応はその先進フュージョン反応の1つで、主としてヘリウムと水素が生成されます。この反応ではヘリウム3が必要になります。地球上にはほとんど存在しませんが、月面には、太陽で生成されたヘリウム3が溜まっており、これを採掘・精製することが考えられます。ただし、重水素とヘリウム3が反応する際に重水素と重水素の反応も同時に起き、このときに中性子が発生しますので、中性子が出ないわけではないです。

もう1つ注目されている反応は水素とホウ素の反応で、この場合は、3つのヘリウムが生成されます。どちらも、三重水素と重水素の反応に比べると、技術的な難易度は高くなり、特に水素とホウ素の反応には、従来とはまったく別の方式が必要になる可能性があります。これらの先進フュージョン反応は魅力的であり、いくつかのスタートアップ企業では、これらの反応を想定して開発を進めています。

SECTION-16

フュージョンエネルギーは いつ実現するのか

いつまで経っても30年後?

では、そんな夢のフュージョンエネルギーは、いつ実現するのでしょうか?

ここに、フュージョンエネルギーに関わる研究者であれば一度は聞いたことがある冗談があります。それは「フュージョンエネルギーは、いつまで経っても30年後」というものです。しかしこの皮肉は、もはや正しくありません。

英国政府は2040年の発電開始を目標に掲げ、中国政府は2030年代の発電を計画するなど、15年後程度の発電目標は各国政府でも一般的となりました。さらに、民間では2030年までの発電目標など、5～10年以内の発電開始目標が大多数です。それを反映して、科学者たちが「フュージョンの実現まであとX年」と予測してきたその数字もまた、近年ぐっと短くなりました。確かに20年ほど前は、フュージョンまであと30年という予測が一般でしたが、今ではフュージョンエネルギーは「17.8年後」まで近づいているのです。

●フュージョンによる初めての発電までの期待年数

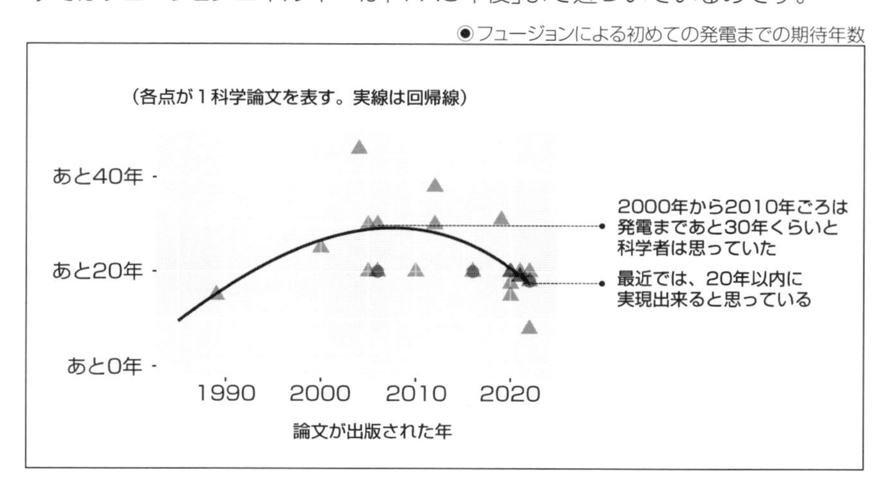

フュージョン発電の未来

では、フュージョン発電が17.8年後に実現されたとして、人類にあまねくフュージョンエネルギーが行き渡るのはどれくらいになるのでしょうか?

フュージョン発電の普及には、発電コストに加え、導入時期、三重水素増倍率など複数の不確実性が存在し、そこに化石燃料の燃料価格、炭素価格、社会情勢などさまざまな変数を考えなくてはいけません。そこで、世界でこれまでに行われたフュージョンの将来予測に関する12研究の計86シナリオを本書のために分析したところ、西暦2100年におけるフュージョン発電割合については、世界の研究チームは0%から60%まで大きなばらつきをもって予測をしていることがわかりました。

◉科学者たちが予測する世界のフュージョンによる発電割合のまとめ

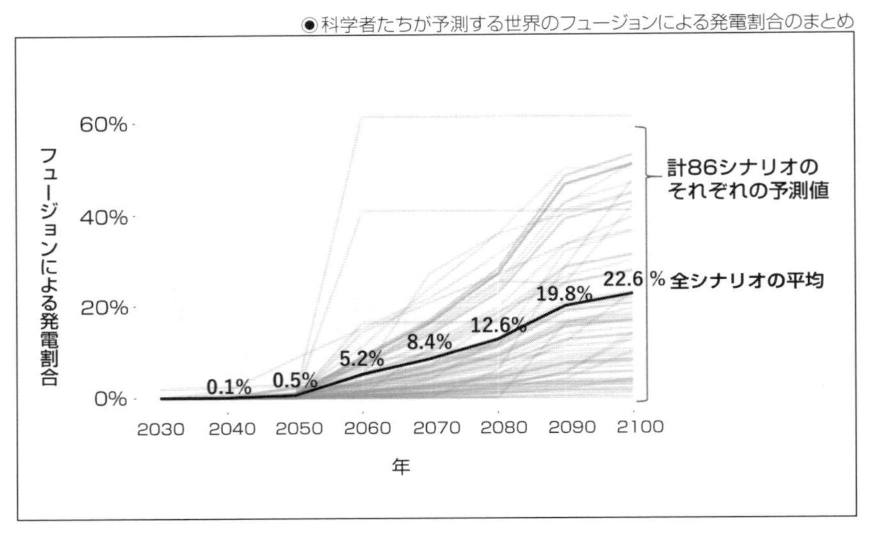

その予測の平均の値を見てみると、フュージョンによる発電の割合は全世界で2060年に5%、2100年に20%程度となりました。これは、フュージョンが世界の主力電源の1つとなることを予測する、大きな数字です。世界中にフュージョン発電所が次々と建設される未来も、そう遠くはなさそうです。

SECTION-17

世界のエネルギー問題とフュージョン

エネルギーという結び目

2022年に開始されたロシアのウクライナ侵攻は、エネルギーの本質が21世紀の今日もなお地政学にあることを改めて浮き彫りにしました。石油価格は一夜にして高騰し、エネルギー市場は本稿執筆時点の2024年でもなお不安定のままです。

そして前世紀から続く気候変動との戦いにもまだ、明かりは見えません。世界の平均気温は産業革命前をすでに1.2度程度上回っており、熱波や豪雨などの異常気象の頻度も上昇を続けるばかりです。

そして今日でもなお、クリーンなエネルギーの不足が全世界で数え切れない数の人々を苦しめていることもまた我々は忘れてはいけません。呼吸器疾患を引き起こす大気汚染の9割はエネルギー由来と推計され、これにより年間600万人が寿命を全うすることなく早逝していると推計されています(国際エネルギー機関による)。エネルギーとは、世界の隅々につながる無数の紐が複雑に絡み合った難題なのです。

フュージョンエネルギーはすべての解決策か

世界史の故事によると、アレクサンドロス大王は「この結び目を解いた者は王になるだろう」と予言されながらも数百年間解かれなかった結び目を、自らの剣で一刀両断して解き、その予言通りに王になったといいます(ゴルディアスの結び目)。果たしてフュージョンエネルギーとは、エネルギー問題という結び目を一刀両断にするすべての解決策なのでしょうか?

科学者たちは、そうなることを願っています。それは、フュージョンエネルギーが数々の素晴らしい可能性を秘めたエネルギー源であるためです。しかし、新たなエネルギーが世の中に受け入れられるためには、単に技術的な実現だけでは不十分です。一例として近年太陽光発電が急速に普及しているのは、経済性の改善だけでなく、エネルギー安全保障の観点や社会受容性の向上、そして政府の支援政策など、社会経済的影響が大きいことを忘れてはいけません。

フュージョンエネルギーの夢

本章では、フュージョンエネルギーのさまざまな用途と魅力を紹介しました。発電以外にも、水素製造、中性子源として種々の用途も考えられます。また、大規模集中型エネルギー源であることから、月面、南極といった厳しい環境、孤立した環境での鉱工業のエネルギー源も考えられます。もし、小型軽量化が可能となれば、深宇宙探査機、太陽系外探査、小惑星などの遠い宇宙でのエネルギー源、推進機も考えられますし、飛行機や船等の移動・輸送への応用も広がるでしょう。実用化や小型軽量化にはまだまだ開発が必要ですが、いろいろな夢をはらんでいるのがフュージョンエネルギーです。エネルギー問題、脱炭素、安全、エネルギー安全保障という観点でもフュージョンエネルギーには魅力があります。

引き続く章では、どのようにしてフュージョンエネルギーを実現するのかを解説し、これまでと今後の開発、近年著しい成長をしているスタートアップ企業を紹介し、最後に、フュージョンエネルギーの未来を語ります。

◉フュージョンエネルギーが解くエネルギー問題

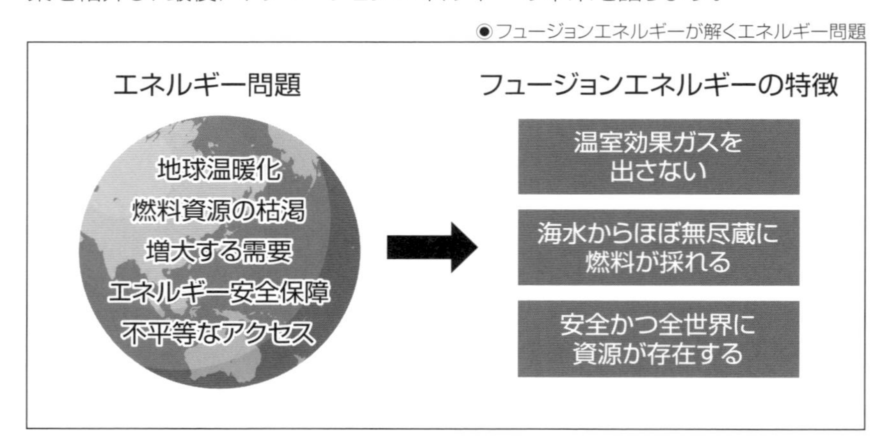

CHAPTER 2
フュージョンエネルギー夢の実現に向けて

SECTION-18

フュージョンエネルギーは宇宙のエネルギー

宇宙のエネルギーはビッグバンの瞬間に生まれた

空に輝く太陽は私たちを照らして多くの恵みをもたらしてくれます。太陽の年齢は約46億年と言われています。私たちの太陽は銀河系の一員であり太陽の属する銀河には2000〜4000億個の太陽のような恒星が存在します。そんな巨大な銀河も、この宇宙には2000億個、もしかしたら数兆個はあるのではないかと推定されていて、宇宙の雄大さに圧倒されます。宇宙は約138億年前に起こったビッグバンといわれる爆発的膨張により始まったと言われています。

ビッグバンが起こった宇宙の始まりの瞬間、今存在するすべての物質とエネルギーが、すでに存在しました。なぜそう言えるかというと物理法則であるエネルギー保存則により永久にエネルギーの総量は減りも増えもしないからです。エネルギーとは物理の世界では、ものを動かすことなどの仕事をするための能力のことです。エネルギーは、さまざまな形態をもっています。運動エネルギー、位置エネルギー、熱エネルギー、電気エネルギー、光エネルギー…。これらのエネルギーは相互に形態を変化させます。どのように形態を変えてもエネルギーの量は変わりません。保存されるのです。

もし宇宙の始まりの時点ですべてのエネルギーがなかったら、エネルギー保存則に反します。ということは、エネルギーを無から生み出し新しく創造することはできないことを意味します。エネルギーを新たに生成するということは、すなわち、すでにエネルギーが、ある形態で存在しているエネルギーを別のエネルギーの形態に変換するということだといえます。例えば太陽電池は太陽光の光エネルギーを電気エネルギーに変換します。石油は燃やすことで石油の化学的な結合エネルギーを熱エネルギーに変換します。水力発電は高所にある水の位置エネルギーを電気エネルギーに変換します。

では太陽はどうでしょう?　太陽の中心部の温度は約1600万度、表面は約6000度、その外側には約200万度のコロナが存在します。私たちの太陽は地球に1平方メートルあたり約1.4kW(W:ワット 1秒間あたりのエネルギーを表す単位)のエネルギーを届けてくれています。太陽が1秒間に放出する総エネルギー量は約3.9×10^{23}kJ(J:ジュール エネルギーを表す単位 ワット×時間)で、この値は人類がこれまで消費したエネルギーより数千倍も大きいそうです。太陽の寿命は約100億年で今後約50億年は輝き続けると言われています。このような膨大な太陽エネルギーがどのようにして生み出されているのか、とても不思議ではありませんか。太陽はどのようなエネルギーを変換しているのでしょうか？　太陽の内部には、石油のようなエネルギーをもっている物質があって、それを燃やして変換し熱エネルギーや光エネルギーを生み出しているのでしょうか？

◉太陽

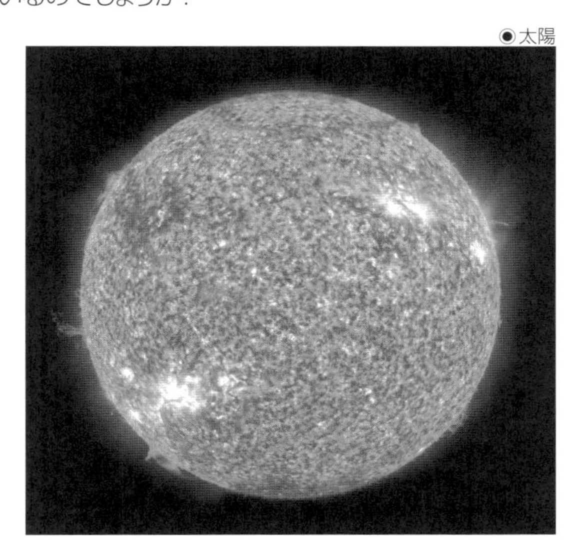

太陽エネルギーはフュージョンエネルギー

この疑問に答える前に、知って欲しいもう1つ重要な保存則があります。それは質量保存則です。物質の重さ、質量は時間が経過しても保たれますし物質の形態が変化しても変わりません。例えば水1キログラムに塩100グラム溶かすと、塩は水に溶けて見えなくなってしまいますが、できた塩水の質量は1.1キログラムで、水と塩の質量の和になります。木材を燃やした場合、燃やした木材の質量と燃えるために必要な酸素の質量の和は、炭素などの燃え残りと燃えたために生成される水や二酸化炭素の質量の和に等しいのです。このように物質の形態が変わっても質量は変わりません。

エネルギー保存則や質量保存則は、どんなときでも成り立つ不変の法則であると述べました。ところが、この不変の法則が成り立たない場合があるのです。フュージョンエネルギーは、成り立たない場合の1つです。不変であるはずの物質の質量がフュージョンにより減少するのです。このときエネルギー保存則も成り立っていません。そこでアインシュタイン博士は特殊相対性理論により新たに質量と運動エネルギーの総和が保存されることを示しました。減った質量がフュージョンエネルギーに変換され、質量とエネルギーの総量が常に保存されるのです。

質量がエネルギーに変換される割合は「$E=mc^2$」(E:エネルギー、m:質量、c:光速)法則に基づきます。これは新たに生じるエネルギーは減った質量に光の速度を二乗した値をかけた値という意味です。つまりフュージョンエネルギーはエネルギーを別の形態のエネルギーに変換しているのではなく質量をエネルギーに変換することでエネルギーを生成しているのです。そして太陽は、そんなフュージョンエネルギーにより輝きエネルギーを生み出しています。

自分たちの手で、この太陽のフュージョンエネルギーを創りたい。フュージョンエネルギーの実現を最初に夢見た科学者は「地上に太陽を輝かせたい」という思いを胸に抱きました。太陽エネルギーを地上で実現する、それがすなわちフュージョンエネルギーなのです。

SECTION-19

物質は何からできている?

原子と分子

物質を、どんどん小さく分割していくと、分割した小片は、もとの物質と同じものなのでしょうか?　そもそも、いくらでも小さく分割することは可能なのでしょうか?　実は、物質を分割していって、分割前の物質と同じ性質を持ち続けるようにするには限界があります。最後は原子または分子といわれる最小の物質になって、それ以上分割すると元の性質は失われます。

分子は原子がいくつか集まったものです。分子を分解すると、原子になり元の分子とは異なった性質をもつ物質に変化します。物質は元の性質を保ったまま分子、または原子より細かく分割することはできません。したがって、物質は分子または原子から構成されているといえます。

例えばヘリウムガスはヘリウムという原子から成り立っていますが、水素は2個の水素原子が結合した分子から成り立っています。水は、1個の水素原子と2個の酸素原子が集まって水分子を形成し、この分子が多数集まって、私たちがよく知る水という物質を形成しています。

●ヘリウム原子、水素分子、水分子

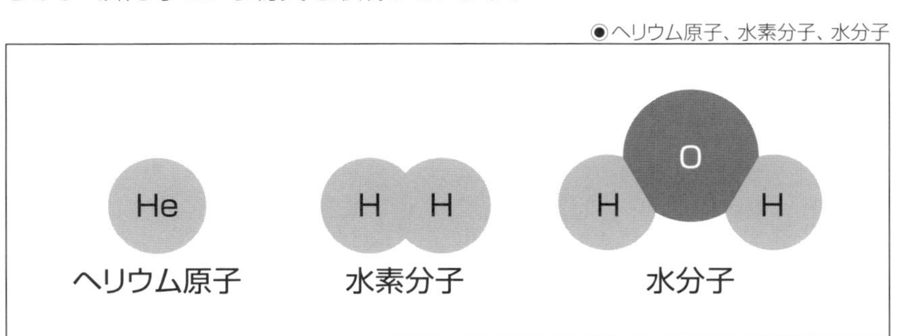

では原子は物質の最小単位で、これ以上分解することができないのでしょうか?　分解前の性質は失いますが原子は、さらに分解することができます。原子には、その中心に原子核とよばれる1個の正の電気を帯びた粒子があって、その周囲に電子とよばれる複数の負の電気を帯びた粒子が周回しています。原子は原子核と電子に分解できるのです。フュージョンエネルギーでは、この原子核と電子が主役です。

原子核の成り立ちと同位体

原子核こそ物質の最小単位で、もう分割することはできないのでしょうか?

実は原子核も、まだ分解可能です。原子核は核子と呼ばれる粒子から構成されています。

◉原子の仕組み

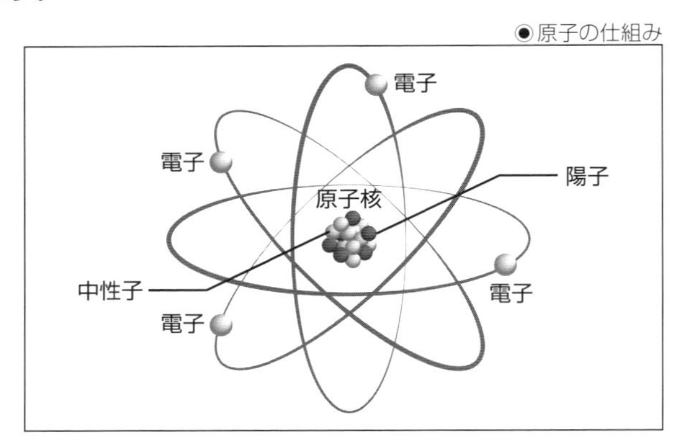

核子は2種類しかなく陽子と中性子です。陽子は電子がもっている負の電気とまったく同じ大きさの正の電気をもっています。一方、中性子は、電気を帯びてないので電気的に中性です。原子核を構成する陽子と中性の数は原子の違いによってさまざまですが、陽子の数で原子の性質が決まります。例えば陽子が1個の原子は水素原子です。陽子が2個ならヘリウム原子になり、6個なら炭素原子、8個なら酸素原子というように原子核の中の陽子の数が決まれば原子の性質が決まり、原子から構成される物質の性質も決まってしまいます。1種類の原子からのみ構成される物質の性質は、物質を陽子の数の順番に並べたときに周期的に変化します。これを周期律といいます。周期律により原子を整理した表が周期表です。

◉周期表

	1	2	3	4	5	6	7	8	9	10	11	12	13	14	15	16	17	18
1	H																	He
2	Li	Be											B	C	N	O	F	Ne
3	Na	Mg											Al	Si	P	S	Cl	Ar
4	K	Ca	Sc	Ti	V	Cr	Mn	Fe	Co	Ni	Cu	Zn	Ga	Ge	As	Se	Br	Kr
5	Rb	Sr	Y	Zr	Nb	Mo	Tc	Ru	Rh	Pd	Ag	Cd	In	Sn	Sb	Te	I	Xe
6	Cs	Ba	Ln	Hf	Ta	W	Re	Os	Ir	Pt	Au	Hg	Tl	Pb	Bi	Po	At	Rn
7	Fr	Ra	An	Rf	Db	Sg	Bh	Hs	Mt	Ds	Rg	Cn	Nh	Fl	Mc	Lv	Ts	Og

では、もう1つの構成要素である中性子はどのように原子の性質に関係しているのでしょうか。答えは中性子の数のみ異なっても原子の関与する化学反応はまったく同じです。例えば陽子1個の原子は水素で陽子1個中性子1個の原子は重水素、陽子1個中性子2個の原子は三重水素と呼ばれます。名前は異なりますが、水素としての物質の化学的な性質はまったく同じで、ただし水素原子の質量は異なります。陽子と中性子の質量は、ほぼ同じです。

フュージョンエネルギーでは、中性子の数のみ異なる原子核が主役です。原子から構成された物質の性質はまったく同じで違いがないのに、原子核の構成が異なるために原子核が活躍する現象では異なる振る舞いをするという物質が重要な役割を果たします。陽子の数が同じで中性子の数が異なる原子のことを同位体と呼びます。

●中性子と同位体

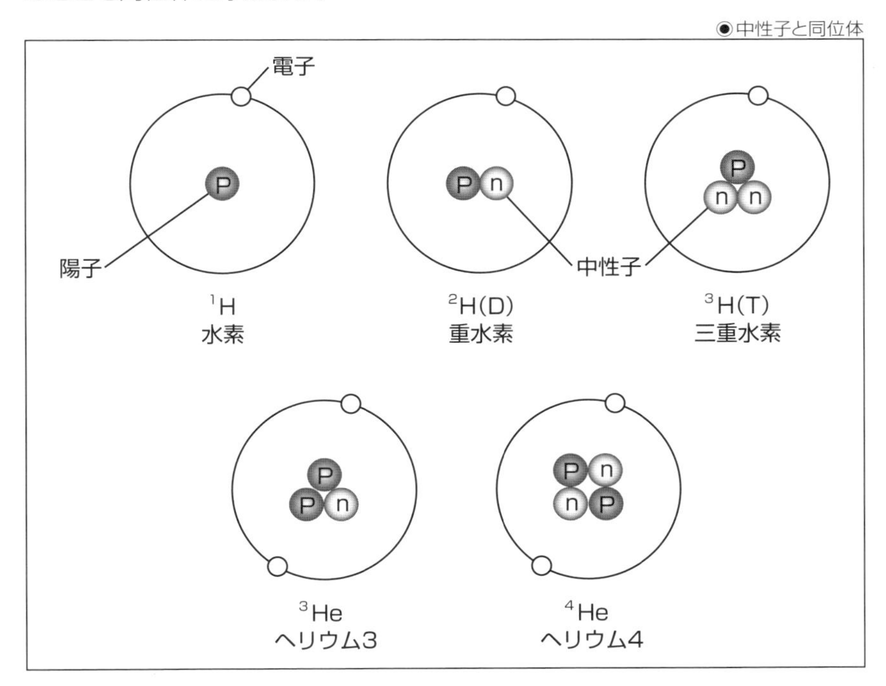

SECTION-20

フュージョンとは何か

原子核のフュージョン

物質は原子から構成されていて、原子は原子核と電子からなりたっています。そして原子核は陽子と中性子の集まりです。フュージョンとは、融合するという意味で、フュージョンエネルギーのフュージョンとは原子核と原子核が融合することを言い、この現象をフュージョン反応といいます。

原子核は陽子と中性子の集まりですから、フュージョン反応が起こると2つの原子核が合成され、もとの原子核の陽子と中性子が集まって別の原子核ができます。太陽の中ではさまざまな原子核のフュージョン反応が起こっていて膨大なエネルギーが生成されているのです。太陽の中で起こるフュージョン反応で代表的ものは陽子-陽子連鎖反応と呼ばれる現象です。しかし、ここでは地上の太陽にもっとも適したフュージョン反応である重水素原子核と三重水素原子核のフュージョン反応について説明しましょう。

◉フュージョン反応

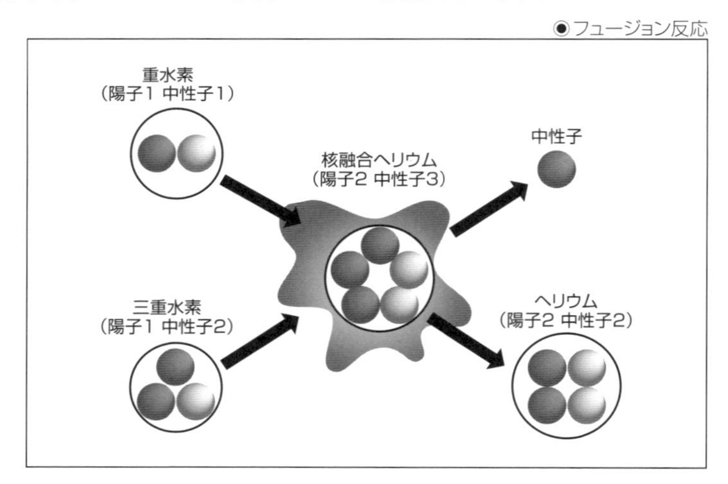

重水素の原子核は1個の陽子と1個の中性子からなり、三重水素の原子核は1個の陽子と2個の中性子から構成されています。フュージョン反応が起こると陽子が2個、中性子が3個の新しい原子核が生まれます。原子の性質は陽子の数のみで決まり中性子の数は関係ありませんから、陽子2個の原子は物質としてはヘリウムです。すなわち水素がヘリウムに変換されることになります。

ところが、自然界に安定して存在するヘリウムの原子核、同位体は中性子が1個、または2個のものです。中性子が3個のヘリウム原子核は、とても不安定で3個あった中性子は、あっという間に1個の中性子が原子核から出ていって2個に減ってしまいます。つまり中性子が2個のヘリウム同位体になります。結局このフュージョン反応で、重水素と三重水素の原子が、中性子が2個のヘリウムと中性子に変換されたことになります。

わずかな質量が膨大なフュージョンエネルギーの源

ここで、重水素と三重水素の質量とヘリウムと中性子の質量を比べてみましょう。質量は保存されるので、フュージョン反応の前後で変わらないはずです。約6.0×10^{23}個(アボガドロ数)の原子が集まった物質の質量の大きさをグラム単位で表したものを原子量といいます。重水素原子の原子量は2.01、三重水素原子は3.02ですから合計原子量は5.03です。一方、ヘリウム原子の原子量は4.00、中性子は1.01ですから合計5.01、つまりフュージョン反応の前と後では原子約6.0×10^{23}個あたり約0.02グラム軽くなっています。

このようにフュージョン反応により物質の質量が、わずかに失われるのです。このことを質量欠損といいます。消えた質量はエネルギーに変換されます。フュージョン反応では物質の質量が運動エネルギーに変換されます。運動エネルギーとは物体の速度によるエネルギーのことで、つまり高速なヘリウムと中性子が、フュージョンにより生まれるのです。

先に述べたようにアインシュタイン博士は「$E=mc^2$」の割合で質量はエネルギーに変換されるということ示しました。つまり失われた質量に光の速度を二回かけたものがエネルギーになることがわかります。光の速度は約30万km/sもの大きさです。先ほどの0.02グラムのわずかな質量の消失により得られるエネルギーは1.8×10^{12}Jという値になります。これは石油約43トンが燃焼して得られるエネルギーに匹敵します。

ここでは重水素原子核と三重水素原子核を例にあげましたが、フュージョン反応は、いろいろな原子核の組み合わせで起こることが知られています。しかし重水素原子核と三重水素原子核は地上でフュージョン反応を起こすのに、もっとも容易で最適なターゲットと考えられています。フュージョンエネルギーを実現するにあたって、まず目標とされているのが重水素と三重水素のフュージョン反応です。

SECTION-21

どうすればフュージョンエネルギーを生み出せるのか

化学燃焼とフュージョン燃焼

「エネルギーは物質を燃やすことで熱として生成される」このように考える人は多いと思います。確かに物質が燃えるという現象はエネルギーを生み出します。フュージョンエネルギーもエネルギーを生み出す現象を燃える、燃料を燃焼させる、といいます。ではフュージョンエネルギーの燃焼と物質の燃焼は同じことなのでしょうか?

燃える現象の例をあげてくださいというと、みなさんは木材とか石油、石炭が炎を出して燃える現象を想像されるのではないでしょうか。これらの現象は化学反応として説明することができます。

木材や石油、石炭は、何れも有機物です。有機物の主たる構成原子は、炭素(C)と水素(H)です。この炭素原子と水素原子が燃焼という化学反応により空気に含まれている酸素(O_2)と結びついて二酸化炭素(CO_2)分子と水(H_2O)分子が生み出されます。このとき炭素と水素を結合させているエネルギーより炭素と酸素の結合、炭素と水素を結合させているエネルギーの方が少ないので、結合エネルギーの減少分が熱エネルギーと光エネルギーに変換されます。この熱エネルギーは燃焼により生じる物質の運動エネルギーの総和でもあります。このような燃焼は化学では酸化還元反応と呼ばれますので化学的燃焼と呼びましょう。化学的燃焼に対してフュージョンエネルギーのため燃焼をフュージョン燃焼と呼ぶことにします。

歴史的に多くの科学者が金を他の物質から作り出すという夢、錬金術に挑戦しました。しかし結局、金を生成することはできず錬金術は失敗に終わりました。その原因は化学的な手段、つまり物質を構成する原子、分子の組み合わせを変えることによって金を作り出そうとしたからです。

一方、錬金術の研究は人類の化学的な知識を飛躍的に発展させ、挑戦は決して無駄ではありませんでした。錬金術研究の結果、金は金原子のみから構成されている物質であるという知識を得ました。他の物質から金を作り出すためには金原子そのものを他の原子から作らなければならず、そのためには他の原子の原子核構造そのものを変えて金原子を作る必要があったのです。

現代では採算を度外視すれば原子核の構造を変えることによって他の物質から金を作り出すことに成功しています。

物質が燃えるということは、物質の形態が変化することでエネルギーが生み出されている現象です。形態が変化することにより本来もっていたエネルギーが解放されたと考えることもできます。化学的燃焼では物質を構成する原子や、分子の種類や組み合わせが変化します。しかし原子核は、化学的に燃焼しても変化しませんので原子そのものは燃焼後も元のまま変わりません。

フュージョン燃焼は原子の中の原子核の核子の組み合わせが変化し原子が別の原子に変わってしまうという点で化学的燃焼とは本質的な相違があります。ただ、いずれの燃焼も物質の構成要素の組み合わせの変化、物質の形態の変化によってエネルギーが生み出されているという点では同じ現象といえます。

化学的燃焼では燃焼前の物質の質量の総和と燃焼後の総和は変わりません。化学燃焼によるエネルギーは質量変化により生み出されるのではありません。一方、フュージョン燃焼では、燃焼の前後での物質の質量減少がエネルギーの源です。質量を変換することで膨大なエネルギーが生み出せるのです。フュージョンエネルギーは物質の質量に由来します。この点でフュージョン燃焼と化学的燃焼は本質的に異なっています。

フュージョンエネルギーと核分裂エネルギー

原子力発電では主としてウランの同位体ウラン235を燃料として発電を行います。ウラン235に1個の熱中性子を衝突させウランの原子核を2つに分裂させます。このとき2個の中性子が生成します。原子核が分裂すると、フュージョンエネルギーと同じように質量が減少します。質量がエネルギーに変換されるのです。

衝突した1個の中性子がウランの原子核に衝突することで核分裂して新たに2個の中性子が原子核から分離します。つまり核分裂を起こす中性子の数は倍に増えることになります。2つの中性子は、次に2つの原子核を分裂させることができます。そのため核分裂は倍、倍とネズミ算式に進行し、生み出されるエネルギーが増えていきます。これが連鎖反応と呼ばれる現象で原子爆弾により膨大なエネルギーが生み出される理由です。一方、原子力発電では制御棒を用いて中性子を吸収することで連鎖反応を制御して安全にエネルギーを生みだしています。

フュージョン反応では、このような連鎖反応はおこりません。これはエネルギー生成のしやすさという点では核分裂に比べてデメリットになりますが、爆発的に生成エネルギーが増加するということはありませんので、燃焼を制御することが容易で、より安全であるということが言えます。

また、フュージョンエネルギー生成に適した原子核と核分裂によるエネルギー生成に適した原子核は異なっています。原子核の結合エネルギーは原子の質量である原子量が増加すると急速に増加しますが、原子量が約40(アルゴン)まで大きくなると増加が少なくなり、約56である鉄を境に今度は原子量が増加するにつれて結合エネルギーが緩やかに減少するようになります。フュージョンは鉄より軽い原子核がフュージョン反応し重い原子核に変わることでエネルギーが生み出されます。一方、核分裂は鉄より重い原子核が分解して原子量が60程度の軽い原子核に変わることで生み出されます。そのためフュージョンには水素などの軽い原子核が用いられ、核分裂エネルギーにはウランのような重い原子を用います。フュージョンを繰り返すと軽い原子核は最後に鉄の原子核になります。核分裂でも分裂を繰り返すと、やはり鉄の原子核になります。鉄の原子核はフュージョンも核分裂もおこしません。

また核子1個あたりの質量欠損は水素のフュージョンの方が、ウランの核分裂よりはるかに大きいです。そのため生み出されるフュージョンエネルギーが大きく未来のエネルギー源として期待される理由です。

SECTION-22
フュージョンエネルギー生成の難しさ

クーロン力と核力

フュージョンエネルギーによりエネルギーを生成し利用するための研究、フュージョンエネルギー生成装置実現への挑戦は約70年の歴史があります。フュージョンエネルギーを生成しエネルギー源として利用することは、どうして、こんなに難しいのでしょうか?　それは、原子核の成り立ちそのものに原因があります。

原子核の構成要素は核子である陽子と中性子です。中性子は電気を帯びていませんが陽子は正に帯電しています。そのため原子核は正の電気を帯びています。正の電気は互いに反発するという性質があります。しかも距離を近づけると、その力は距離の二乗に反比例して大きくなります。原子核が、お互いに近づけば近づくほど、この反発力は大きくなります。このような電気的な力をクーロン力と呼びます。原子核をフュージョン反応させるにはクーロン力に打ち勝つ必要があります。ちなみに核分裂エネルギーでは、電気を帯びていない中性子を原子核に衝突させるのでクーロン力は働かず、フュージョン反応のような困難さはありません。

そうすると原子核が複数の陽子から構成されているという事実は、とても不思議です。お互いに反発しているのに原子核の中では、くっついているからです。この問題を解決したのが核力という核子に作用する力の存在です。核子を結びつけている力は核力の一種である"強い相互作用"によりものであり、その源に"中間子"の存在がある、これはノーベル賞受賞者である湯川秀樹博士の発見です。核力は核子同士を引きつけ合う引力です。

残念ながら、この核力は陽子や中性子が原子核の大きさ程度近づかないと、十分な強さにならないという性質があります。したがって、原子核同士が近づくと、まず電気的反発力であるクーロン力が働き、原子核の大きさ程度に距離が近づくと核力という大きな引力が働くようになるのです。つまり電気的な反発に打ち勝って十分短い距離に原子核同士を近づけることができれば原子核どうしのフュージョン反応が起こります。フュージョンとは重い物を急な坂を転がして丘の頂上に空いている井戸に落とす作業に似ています。原子核をクーロン力の丘を乗り越えて核力の井戸に落とすことなのです。

◉クーロン力の丘を乗り越えて核力の井戸に原子核を落とす

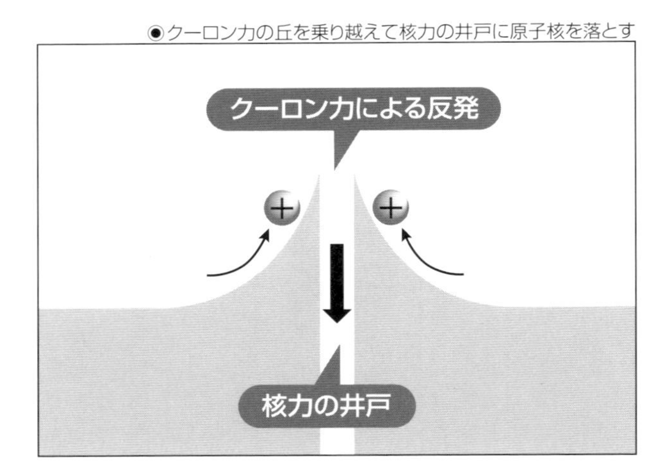

エネルギー増倍率

原子核同士を十分に近づけることができれば原子核はフュージョンが起こることがわかりました。では、クーロン力の反発に打ち勝って原子核同士を近づけることは、そんなに難しいことなのでしょうか？　意外かもしれませんが原子核を近づけてフュージョン反応を起こすこと、それ自体は難しいことではないのです。例えば大きな電気(＝電場)を作り出し、それによって原子核を加速して高速の原子核のビームを作り出します。高速ビームをフュージョンする相手の原子核をもつ物質にあてる、つまり照射すれば、お互いの原子核はフュージョン反応を起こします。

このように原子核をフュージョンするだけなら難しいことではないのですが、このシナリオにおいて注意しなければならないことがあります。振り返れば我々の目的は正味のエネルギー生成することだったはずです。フュージョン反応のために使ったエネルギーより、フュージョン反応によって生み出されたエネルギーが大きくなければエネルギーを生成したとは言えません。加速された原子核が、他の物質の中に飛び込むと、そこで発生するのはフュージョンだけではありません。物質を構成する原子核の周りには電子があり、お互いに電気的に引き合っています。そこに高速の原子核のビームが衝突すると、この電子が原子核から引き剥がされます。この現象を電離といいます。この電離のために使われるエネルギーはフュージョンで生成するエネルギーに比べて50万分の1の大きさで、かなり小さいです。しかし電離はフュージョンより1億倍も起こる確率が大きいのです。そのため生成するフュージョンエネルギーに比べて電離のために約200倍ものエネルギーが消費されてしまうのです。これではエネルギーを生成することはできません。

そこで燃料を加熱し温め原子核の熱運動を大きくしてあらかじめ電離した状態でフュージョン反応を起こすサーモニュークリアフュージョン(Thermonuclear Fusion)という方法が考え出されました。生成されたフュージョンエネルギーとフュージョンのために外から加熱のために燃料に加えるエネルギーの比はエネルギー増倍率(Q値)と呼ばれます。このQ値が1を越える、すなわち生成されたフュージョンエネルギーがフュージョンのために外から加えられたエネルギーを越えて初めてエネルギーを生み出したといえるのです。フュージョンエネルギー実現の初めの一歩はQ値が1を越えることです。Q値が1であることを臨界条件(臨界プラズマ条件)と呼びます。

しかし、実用的なフュージョンエネルギー生成装置では、生成されたフュージョンエネルギーを100%利用することは難しく、また必要なエネルギーを投入するためには、避けられない装置のエネルギー損失があるため、さらに余分なエネルギーが必要になります。したがってQ値が数十以上大きくなければ実用的なエネルギー生成装置として成立しないと言われています。フュージョンエネルギーを実現するためには、さらに大きなQ値を達成する必要があります。

フュージョンエネルギーによるフュージョン

重水素と三重水素がフュージョン反応を起こすと高速のエネルギーを持つヘリウム原子核(アルファ粒子と呼びます)が生成されます。高速のアルファ粒子は他の原子核と衝突することによって他の原子核にエネルギーを与えて加熱し、次のフュージョン反応を起こしやすくします。フュージョンにより新たなフュージョンが起こるということです。

もしフュージョンエネルギー生成装置が多くのアルファ粒を生成し、それによってフュージョンが、より多く起こるようになれば、その分、外から加えるエネルギーを減らすことができます。フュージョンによるエネルギー生成が、さらに増えればついには、外から加えるエネルギーは完全に必要なくなります。このとき外から加えるエネルギーは0になりますのでQ値は無限大になります。外から加熱せずに燃料が自分で燃えるようになります。これを自己点火と言い、Q値が無限になる条件を自己点火条件と呼びます。

もう少し具体的なイメージがわくように説明しましょう。炭火でバーベキューを焼くことを想像してください。炭火に火をつけるにはバーナーや着火剤を使って炭をあぶります。このバーナーや着火剤の火が外から加えるエネルギーに相当します。炭を熱しますと炭の温度が上昇して燃えだします。やがて炭火の炎がバーナーや着火剤の炎より大きくなります。これが臨界条件を超えた状態です。しばらくすると着火材は消えてなくなり炭火だけで燃えるようになります。これが自己点火条件を超えた状態です。みなさんが燃焼といわれて、まず思いつくのは、この自己点火条件を超えた燃焼ではないでしょうか。しかし自己点火のためには燃料を温めていく過程があるのです。フュージョンエネルギー生成のためには着火剤の炎より炭火の炎が大きくなることが必要なのです。

フュージョンエネルギー生成には燃料を1億度に加熱する

サーモニュークリアフュージョンによりフュージョンエネルギーを生成するためには少なくともエネルギー増倍率Q値が1を越えることが必要でした。Q値を大きくしてフュージョンエネルギーを得るために必要な条件を初めて示したのがローソン博士です。これをローソン条件と呼びます。ローソン博士によれば3つの条件が同時に達成されれば大きなQ値が得られることを示しました。

1つ目の条件は燃料である重水素と三重水素を加熱し高い温度にすることです。燃料の原子核は高速で運動するものも、低速で運動するものも混在していますが高温状態では高速で運動する原子核の割合が低速で運動する原子核に比べて相対的に多くなります。速度が大きい原子核が増加すると原子核同士がクーロン力に打ち勝って近づきやすくなりフュージョン反応が起こる頻度が増加します。燃料として重水素と三重水素を用いた場合、燃料を少なくとも1億度以上の高温に熱する必要があります。

重水素、三重水素以外の燃料の候補として重水素同士の原子核をフュージョンする方法や中性子が1個のヘリウムの原子核と重水素をフュージョンする方法などが候補としてあげられますが、いずれもローソン条件満たすために必要な温度はさらに高く数億度以上に加熱する必要があります。そのため最初の燃料の候補として重水素と三重水素を使用することが考えられているのです。

2つ目の条件は燃料を高い密度にすることです。密度というのはある体積に、どれだけの個数、原子核があるのか示す量で、密度が大きくなれば、より密に原子核がつまっている状態になります。もし燃料を高温にすることで原子核が大きな速度を得ても、近くに衝突する別の原子核がなければフュージョン反応が起こらないでしょう。だからできるだけ密な状態に燃料を保つ必要があるのです。

3つ目の条件は燃料を良好に閉じ込めておくことです。高速で運動する原子核は短時間で長い距離移動しますので、高速原子核がすぐに外に逃げて遠くへ行ってしまうと、他の原子核と衝突することはできません。そのため高速の原子核を閉じ込めておいて逃げないようにし原子核同士が接近する可能性を高めないとフュージョンしません。高速の原子核を閉じ込めることは難しいですが、閉じ込めることができなければ、大きなフュージョンエネルギーを得ることはできないのです。

また燃料を逃げないように閉じ込めておくことができれば、外から燃料を加熱したとき効率よく温度が上昇しますし、燃料を補給したときは密度が上昇しやすくなります。反対に燃料が外にすぐ逃げてしまうと燃料は薄くなってしまいます。したがって閉じ込め性能の優秀さはフュージョンエネルギー生成のためにもっとも必要な条件です。

温度や密度と同じように閉じ込めにおいても性能を数値として示すと便利です。閉じこめ性能の指標としてエネルギー閉じ込め時間という量が使われます。エネルギー閉じこめ時間は、外から加熱のためのエネルギーが加えられていない場合に、生成装置がどれだけの時間、燃料のエネルギーを閉じ込めておくことができるかを表した値です。

横軸に温度をとり縦軸に密度と閉じこめ時間の積（かけ算）をとってローソン条件をグラフに表したものがローソン条件図です。図中のカーブはQ値一定の場所を示しています。この図で温度、密度、閉じ込め時間が大きい右上の領域に行くほどQ値は大きくなります。概ね温度、密度、閉じこめ時間の3つの値の積が大きくなるとQ値が大きくなることがわかります。3つの値の積はフュージョンエネルギー生成の指標として、よく使われますので、この本ではフュージョン三重積と呼ぶことにします。

このフュージョン三重積を大きくすることができればフュージョンネルギー生成を実現することができるのです。ところが実際に実験を行うと、例えば温度が上昇すれば密度が減少し、反対に密度が上昇すれば温度が減少する、そのためフュージョン三重積はなかなか大きくならない、このような現象が、よく見られます。フュージョンエネルギーの研究は、いろいろなアイディアを投入して、この難しいフュージョン三重積を大きくする方法を発見し、克服していく道のりなのです。

◉ローソン条件

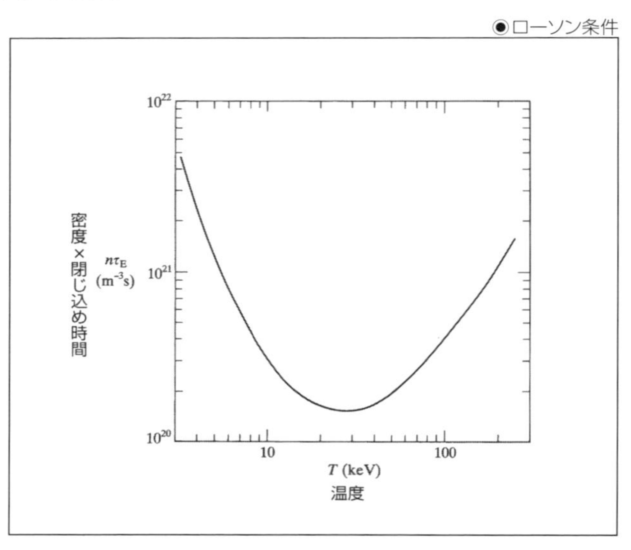

SECTION-23

プラズマが生み出すフュージョンエネルギー

物質の三態

サーモニュークリアフュージョンによりフュージョンエネルギー生成の実現のためには1億度以上の温度に物質を加熱しなければならないことがわかりました。1億度の温度の物質はどのような状態にあるのでしょうか?

あらゆる物質は温度と圧力によって、固体、液体、気体と3つの状態に変化します。3つの状態は物質の三態と呼ばれます。このような状態の変化を相転移といいます。これらは物質そのものが変化するわけではありません。

水を例に説明しましょう。水は0度より低い温度では氷という固体の状態にあります。この状態で水を構成する分子は規則正しく並んで強固に結合しています。固体の状態では分子は一定の位置にあり、そこから僅かに振動しています。

氷を熱すると氷の温度は上昇し0度より温度が上昇したときに液体の状態、水になります。液体では分子はより自由に動き回れるようになり、分子の配列は乱れた状態になります。

一定の熱量で氷を加熱すると、状態が変化するタイミングで温度上昇が一度とまります。これは、この段階で加えられている熱エネルギーが状態の変化のために使われるため物質の温度上昇が抑制されるからです。このような熱を融解熱または潜熱と呼ばれます。

液体の水にさらに熱を加え続け温度が100度を越えると沸騰し、気体状態である水蒸気に変化します。水の分子の配列は完全に失われ空間を自由に動き回ることができます。このときもやはり一定の熱量で加熱すると100度を越えるタイミングで温度上昇がとまります。ここでも状態の変化のために、熱エネルギーが必要です。この熱は蒸発熱、気化熱とよばれ、やはり潜熱の一種です。

水が状態変化を起こす温度は0度と100度であると述べましたが、この温度は周囲の圧力が変化すると異なる値になることが知られています。周囲の圧力が地表の大気圧ならば、水は100度で沸騰して水蒸気になります。ところが気圧の低い標高3000mの高山では水は100度より低い約90度温度で沸騰します。逆に圧力鍋では内部を高圧にすることで水を液体のまま120

度程度の温度にすることが可能で、そのため材料に火を通しやすくなります。このように物質の状態は温度と圧力により変化するのです。

●物質の三態

固体	液体	気体
冷たい	暖かい	熱い
氷	水	水蒸気

プラズマとは何だろうか?

では、サーモニュークリアフュージョンによりエネルギーが生み出されるが、1億度という高温に熱せられた物質は、どのような状態なのでしょうか?

原子は原子核のまわりを電子が周回しています。もし高速の原子核が、この周回している電子に衝突すると電子は原子核から剥ぎ取られ、原子核と電子は分離します。この現象を電離と呼びます。高温の気体では、気体を構成する原子は高速ですので、電離現象が盛んに起こり、大部分の原子において原子核と電子が分離します。この状態がプラズマです。このとき原子核や電子は独立に自由に動き回ることができます。したがってプラズマは固体、液体、気体の物質の三態に対して第4の状態ともよばれます。1億度に熱せられた燃料は、このプラズマ状態になっています。

物質の三態では状態変化は物質の温度、圧力が変化すると起こりましたが、プラズマへの状態変化も同じように温度、圧力が変化すると起こります。ただしプラズマでは習慣的に状態変化の指標として圧力の代わりに密度が、よく使われます。圧力は密度と温度に依存していますので実質的には同じと考えてよいです。また電離のためには、電離エネルギーが必要で、物質の三態の潜熱と同じように状態変化のために特別なエネルギー、熱が必要になるという点でも同じです。

複雑なプラズマ状態

プラズマは物質の4番目の状態です。しかしプラズマ状態は、物質の三態、固体、液体、気体と比べて本質的な違いがあることが知られています。物質の三態では、どの状態においても物質を構成する粒子の大部分は電気を帯びていないゆえ、電気的な力が働かない電気的「中性粒子」です。状態の性質を支配しているのは、この中性粒子なのです。もちろん物質中には電気を帯びた粒子が存在し、状態の性質を決めるにあたって重要な役割をはたしています。しかし主役は中性粒子です。なぜなら中性粒子が固体、液体、気体の状態を決めていて、荷電粒子と中性粒子、または中性粒子どうしの衝突、中性粒子の振動など、さまざまな中性粒子の振る舞いによって引き起こされる現象が、主として状態の性質を決めているからです。

一方、プラズマは主として電気を帯びた粒子から成り立っており、大部分の粒子が正または負の電気に帯電していて電気的な性質が状態の性質を決めます。帯電している粒子は荷電粒子とよばれます。また荷電粒子が帯びている電気の量を電荷といいます。プラズマでは荷電粒子の電荷に応じて働く電気的な力、電磁力が状態の性質を決めます。主役は中性粒子でなく荷電粒子なのです。

これまで正または負の電気、すなわち電荷を帯びた粒子の間ではクーロン力が働くと述べてきました。電磁気学の考え方では、これは正確ではありません。電荷をもつ粒子は、その周囲に電場を生成します。電場中に存在する荷電粒子は、その電場からクーロン力の作用を受けると考えます。電場の「場」とは物理学で使われる概念です。場とは時空の各点で値をもつ量です。場の量は、しばしば大きさだけでなく方向をもっています。例えば水の流れは、場所により流れの速さが違うだけでなく、流れていく方向も違っています。電磁気学の法則により電場は、各点の方向をつないでいくと電気力線という線になります。クーロン力の大きさは荷電粒子の電荷と電場の大きさの積になります。クーロン力が作用する向きは電場の向きです。クーロン力は荷電粒子から受けるのではなく電場から受けるのです。電場は目に見えないので抽象的でわかりにくいかもしれません。荷電粒子がなくても磁場が時間的に変動することで電場は生成されます。クーロン力が作用するために必ずしも別の荷電粒子が必要というわけではありません。

磁場についても同じように考えることができます。鉄などの磁性体は磁場を生成することができ、磁場からの力、磁力を受けます。磁場も電場と同じように各点で大きさだけでなく向きがあって、その向きをつなぐと磁力線になります。しかしプラズマは荷電粒子の集まりであり、また粒子のもつ磁性がプラズマの性質に寄与することは、あまり多くありません。電磁気学では電気の流れ、電流が磁場の源となります。電流が存在すると、その周囲に磁場が形成されます。荷電粒子の流れは電流を生み出すことができます。また動いている荷電粒子は磁場からローレンツ力といわれる力を受けます。電場と同じように、磁場も電場が時間的に変動することよっても生成されます。このクーロン力とローレンツ力をあわせて電磁力と呼びます。

プラズマは多数の荷電粒子から成り立ちます。この荷電粒子の正の電荷と負の電荷の総量が等しければプラズマは電気的に中性です。しかし、それぞれの荷電粒子が移動し正の粒子が多くある領域や負の粒子が多くある領域ができると電場を生成します。荷電粒子が運動し電気の流れ、電流が生じると磁場が生成されます。もちろん電場や磁場は外部から電極やコイルを使ってプラズマ中に生成することもできます。それだけではありません。電磁気学では電場の時間的変動が新たな磁場を生み出し、磁場の時間的変動が新たな電場を生みだすのです。

プラズマの荷電粒子は電場と磁場から力を受けます。クーロン力による荷電粒子の運動とローレンツ力による荷電粒子の運動は異なっているため、両方の力が作用しうるプラズマ中では荷電粒子は極めて複雑な運動をします。そして、この複雑な運動が、新たな正負の電荷の分布や電流をつくり出し、さらに新たな電場、磁場を生み出され、これがさらに荷電粒子の運動に影響を与えます。このようにプラズマで起こる現象は、とても複雑な物理現象なのです。

したがって中性粒子が支配的な物質の三態とは、まったく異なった現象がプラズマでは起こります。プラズマの荷電粒子による現象は極めて複雑な物理が支配する世界であるため予測が難しいです。フュージョンエネルギー研究開発は、この複雑なプラズマ現象と戦ってきた歴史です。

◉気体状態を加熱するとプラズマ状態に変化

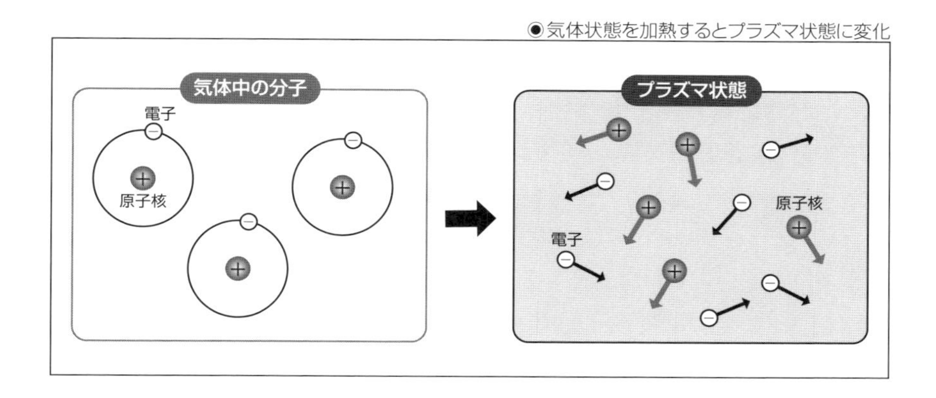

スーパーコンピューターとプラズマシミュレーション

プラズマ現象と同じように複雑で予測が難しい現象に気象現象があります。最近、天気予報は10日先まで、当たり前のように行われるようになってきました。これはみなさんご存じのようにスーパーコンピューターの性能が劇的な進歩を遂げ、複雑な気象現象も予測可能になったためです。プラズマ現象の理解や予測にもスーパーコンピューターが強力な武器として用いられます。スーパーコンピューターが、より高速に、より多くの計算を行えるようになったので極めて複雑なプラズマ現象も科学的に解明できるようになりました。プラズマ現象は荷電粒子が主役であるため気象現象に比べてさらに電磁気学の法則を考慮する必要があります。そのため、より高性能なスーパーコンピューターが必要とされています。

スーパーコンピューターによるプラズマ現象の予測の精度が向上すれば、実際に実験装置内でしか見られないプラズマ現象もコンピューター上で再現することができるでしょう。これはプラズマシミュレーションと呼ばれます。そして、これまで実際に実験装置を用いて行ってきた研究も、いくつかはスーパーコンピューター上で行えるようになるでしょう。このようなコンピューターを用いて実験を行うことを数値実験といいます。この考えをさらに推し進めれば実験装置では実施できないような難しい実験さえコンピューター上で可能になるのです。優れたスーパーコンピューターや複雑なプラズマ現象を予測し再現できるアプリケーションの研究開発がフュージョンエネルギーの未来を切り拓くのです。

SECTION-24

プラズマの世界

放電によるプラズマ　蛍光灯、プラズマボール

気体をプラズマに変化させるためには気体を加熱して高温にすることが必要です。高温にするために気体状態にある物質に電極（陽極と陰極）を挿入し高い電圧をかけ、そのとき発生する電場により電極の電子（熱電子）を加速し気体分子に衝突させ分子を加速します。この現象を放電と呼びます。分子の速度が上昇することで気体の温度が上昇しプラズマになります。このとき電離していない中性粒子が多いと衝突で加速した荷電粒子が減速するため、気体の圧力が大気圧よりかなり低い薄い気体を用いた方が、減速を避けることができるのでプラズマ生成は容易です。

この原理を用いたものに蛍光灯があります。蛍光灯の中には水銀とアルゴンのガスが封入されていて、ガスを放電によりプラズマ状態にすることで発光させることができます。このようにプラズマの重要な性質の1つは光を放出することです。ただし蛍光灯のプラズマ光は紫外線と呼ばれる目に見えない光です。蛍光灯が発光するのはガラス管の表面に蛍光材料が塗布されていて紫外線が当たると蛍光材料から目に見える可視光が発生するからです。この可視光を照明として利用しています。

もちろんプラズマ光は目に見えない紫外線に限られているわけではなく、可視光を含むさまざまな波長の光を気体の種類を変えることにより発生させることができます。ネオンガスを発光させるネオンランプ、水銀ガスを発光させる水銀ランプ、ナトリウムガスを発光させるナトリウムランプなどが代表例です。ネオンランプはネオンサインで使われています。水銀ランプは、とても明るく体育館の照明などに使われています。ナトリウムランプはオレンジ色の照明ランプです。最近では白色に近い色を発するナトリウムランプが用いられることの方が多いです。

ところでプラズマボールをご存じでしょうか?　ガラス球のなかで線状のプラズマが揺らめきます。これも放電によるプラズマの一種です。ガラス球の中につめられているのは主にネオンガスです。線状に見えるのはガスの圧力を大きくすることで雷に似た放電をおこしているためです。プラズマボールの放電は小さな雷と言えます。

マイクロ波、レーザー光によるプラズマ生成

光、X線、紫外線、赤外線、マイクロ波、レーザー。これらはすべて電磁波（電波）の仲間です。電磁波は電場と磁場の振動が波として伝搬する現象です。電磁波の中では電場、磁場が振動していますので、荷電粒子を加速し荷電粒子の集まりであるプラズマを加熱することができます。

マイクロ波の発生装置として身近にあるものは電子レンジです。ネオンなどのガスをガラス管に封入し電子レンジで加熱すると放電しなくてもプラズマを生成することができます。蛍光灯を電子レンジで加熱すると電気を供給する電線をつながなくても光らせることができます（※注　実際に実験するのは危険を伴いますので、やらないでください）。

熱的エネルギーによるプラズマ

プラズマは物質を化学的に燃やすこと、それによって生じる熱的なエネルギーにより温度をあげることで、作ることができます。燃えることで生じる炎の中にもプラズマが含まれています。

ローソクの炎の中にもプラズマがあります。ローソクの場合、芯に近い炎の中心部は約600度と温度が低く、その外側の光っている部分は、ロウからでた煤、すなわち炭素が光っていて、温度は約1200度でプラズマではありません。この外側に目に見えない炎があって約1600度以上の高温です。プラズマは主として、この目に見えない高温の炎の中にあるのです。炎のなかで荷電粒子の集まりであるプラズマとしての性質を示すのは、この炎のもっとも外側の部分なのです。

◉ローソクの炎

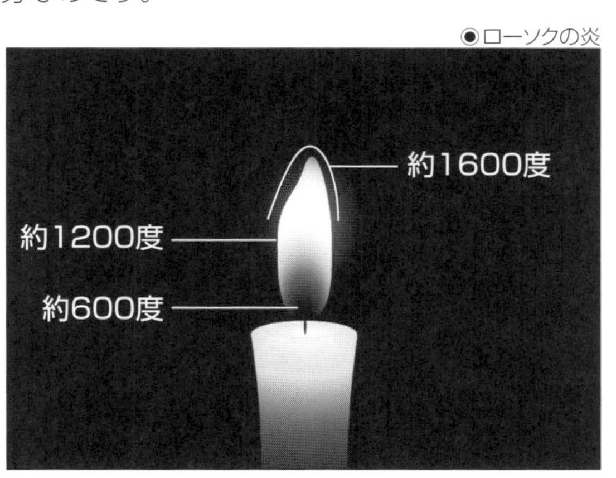

自然現象のプラズマ 雷、オーロラ

プラズマは人工的な現象のように思えますが自然現象として観察することもできます。代表的な例は、雷とオーロラです。

◉オーロラ

雷は地上と雲の間、または雲と雲の間が高電圧になることで発生する放電現象です。上昇気流により地上の電荷が上空に運ばれることにより高い電圧が発生し放電をおこしプラズマが生成します。雷は自然で起こる放電プラズマです。火山の噴火による上昇気流により火山雷が発生することも知られています。

オーロラは地球の北極圏、南極圏近辺で見られる大気のプラズマ発光現象です。オーロラはとても美しいですが、実は生まれ故郷は太陽なのです。太陽表面では活発に爆発が起こっています。この爆発現象により外に放出されるプラズマが太陽フレアです。太陽フレアが地球に向かってやってくると太陽風になります。太陽風が地球に到着し地球の周りに存在する電離層の中の大気と衝突するとオーロラになります。プラズマは荷電粒子の集まりなので、地球の磁場の作用を受け、磁力線に巻き付くように運動し地球磁気圏に捕らえられます。磁力線は地球の北極から南極に向かって存在し北極と南極に集まりますので、プラズマも北極と南極に集まります。オーロラの発生は太陽の活動と密接な関係があります。活動が活発になり太陽の表面で爆発が頻繁に起こるようになると地球上でのオーロラの発生も盛んになります。

プラズマであるオーロラは未知の要素が多く謎に満ちています。オーロラの発生メカニズムや、波打つような形態、オーロラがグリーンに光る仕組みなど、まだ十分理解できたとは言いがたい状況です。オーロラは美しい自然現象ですが、現在、活発に研究されている領域でもあるのです。

◉オーローラの生まれ故郷は太陽

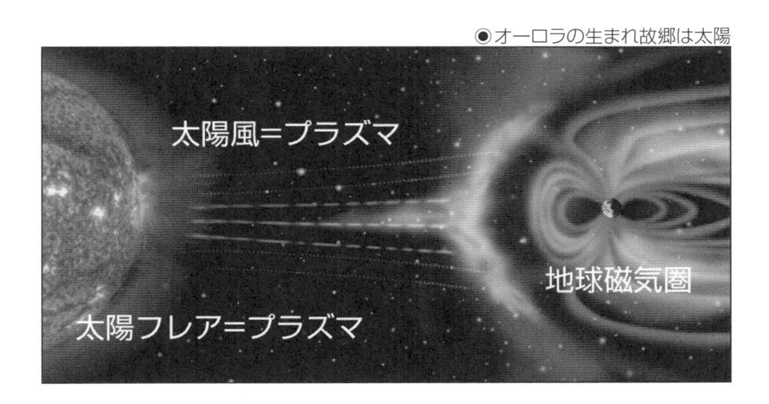

宇宙のプラズマ

宇宙はプラズマで満たされています。地球上空80kmより上の領域は電離層とよばれるプラズマで覆われています。電離層は上空の希薄な大気にX線や紫外線があたったり、太陽からやってくるプラズマ、太陽風があたったりすることで大気の原子、分子が電離することにより生じます。電離層は電波を反射する性質があり、短波長の電波を、この反射を利用して地球の裏側まで届かせることができます。太陽はプラズマの宝庫です。太陽の周囲にはコロナと呼ばれる100万度以上の高温のプラズマが存在します。コロナは皆既日食が起こったときに観察することができます。また太陽の黒点では突発的な爆発現象が起こっており太陽フレアと呼ばれる円弧状の高温プラズマが外に向かって吐き出されています。円弧状に見えるのは太陽表面の磁場の磁力線が円弧状の形をしていて爆発のときに磁力線ごとプラズマが一緒に吹き飛ばされるためです。

◉太陽フレア

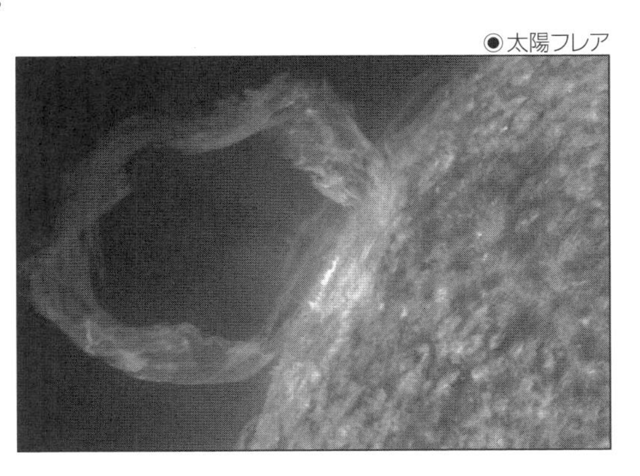

この高温プラズマが太陽風として地球にやってきてオーロラを発生させるのです。このように太陽、恒星はプラズマ状態にありますから宇宙空間の大部分はプラズマ状態にあり宇宙はプラズマで満たされていると言えるでしょう。宇宙を観測するとさまざまなプラズマ現象を観測することができます。超新星の爆発によりできた、かに星雲では中性子星の周りに回転する円盤上のプラズマがあり中心からは「宇宙ジェット」とよばれるプラズマが吹き出しています。

密度と温度がプラズマ状態の性質を決める

ここまでさまざまな種類のプラズマを紹介してきました。プラズマの性質を決定するのは、もちろんプラズマを構成する原子、分子の種類です。加えてプラズマの温度と密度がプラズマの状態としての性質を理解する上で欠かせません。物質の三態、固体、液体、気体は物質の温度と圧力で、変化すると説明しました。圧力は温度と密度の積に依存しますので、第4の状態であるプラズマでも、鍵となるパラメータは同じであると言えます。

物質は高い温度でプラズマ状態になると述べましたが、プラズマ状態に変化する温度は密度に依存していますので必ずしも温度が高い必要はありません。例えばオーロラは数百度の温度のプラズマで、それほど高温ではありませんが、これは密度が極めて低いためです。一方、雷は圧力、つまり密度が高いプラズマです。ネオンランプのような放電プラズマは、雷よりは低密度の領域に存在します。フュージョンエネルギーに必要な1億度以上の高温プラズマは、密度も高い領域にあり、極限領域にあるプラズマと言えます。

◉プラズマの温度と密度

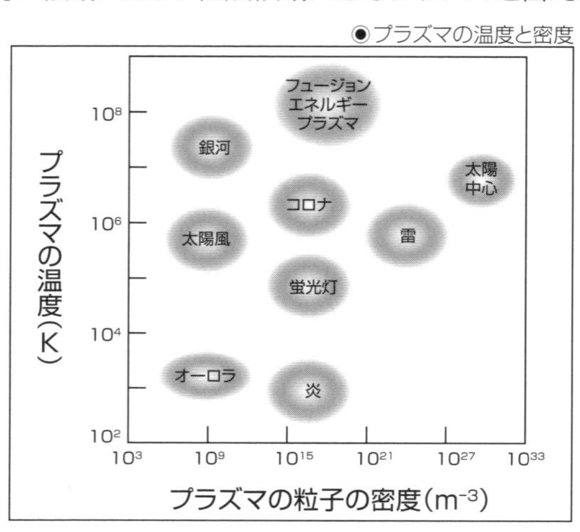

SECTION-25

プラズマを磁場の容器に閉じ込める

磁力がプラズマを閉じ込める

ローソン条件によればフュージョンエネルギーの実現のためには、温度、密度、閉じ込め時間が同時に大きくならなければなりません。そのため高温プラズマの荷電粒子は高いエネルギー、つまり大きな速度をもっています。1億度以上の温度にもなるプラズマを個体の物質で作られた容器によって閉じ込めるのは困難です。高温のプラズマの高速粒子が容器の表面に衝突して損耗させ破壊するからです。またプラズマの熱が低温の個体の容器により逃げてしまいプラズマの温度が低下することも考えられます。

そこで高温プラズマを閉じ込める方法として磁場によりプラズマを閉じ込める磁場閉じ込め方式が考え出されました。磁石のまわりに存在する磁場から受ける磁力を利用してプラズマを閉じ込めるのです。磁場中で運動する荷電粒子には磁場よりローレンツ力という磁力が作用します。このローレンツ力により、なぜ荷電粒子を閉じ込めて置くことができるのか説明しましょう。そのためには物体に力が作用することによって、どのような運動をするのかということを明らかにしたニュートンの運動方程式が重要です。

ニュートンの運動法則は運動する物体に力が作用する場合、その力に相当する分、物体の運動量が時間変化すると述べています。運動量とは物体の運動の状態を表す物理量です。多くの場合、運動量は質量と速度の積としてよいです。したがって物体の質量が変わらない場合は、力が作用すると物体の速度が時間変化すると考えてよいでしょう。速度の時間変化は加速度とよばれる量です。

力は速度でなく加速度につり合います。力が作用しなければ物体の速度は変化しません。これは力が作用しなければ永遠に物体は同じ運動状態を保ち決して止まらないということを意味しています。このことを慣性の法則と言います。何も存在しない宇宙空間では空気による抵抗を受ける地上とは異なり動いている物体は慣性の法則のために止まることなく永遠に動き続けるでしょう。宇宙探索機は、燃料の補給をしなくても何年も飛び続けることができます。これは力が作用しないのでエネルギーが保存され失われないためと説明することもできます。

力の作用によって物体の速度の方向は、どのように変化するのでしょうか? ニュートンの運動方程式によれば力の作用する方向に速度の向きが変わります。詳しく述べると元の速度の方向と力の方向を合成した向きに速度の向きは変化します。ここで注意すべきことは合成した向きに変化するのであって力の作用する方向ではないということです。物体が停止している状態ならば力が作用する方向に物体は運動を始めますが、あらかじめ物体が運動している状態ならば運動している方向と力の作用する方向の合成した方向に物体は運動を始めます。つまり物体の動く方向、速度の方向と力の作用する方向は必ずしも一致するとは限らないのです。

力の作用する方向と物体の動く方向が一致しない例はコマの運動です。コマが倒れないのは、コマが倒れる方向に重力が作用してもコマが回転運動をしているために、コマの回転軸が重力の方向と垂直な方向に動くためです。コマの回転軸が動くと今度は動いた方向に重力が働きますが、やはり軸は重力の方向に垂直に動きます。コマが回転している限りコマが倒れる方向、つまり重力の方向にはコマの回転軸が動かないのでコマは倒れないのです。回転するコマは力の作用する方向に対して垂直に動きますが、このように回転により物体が力に作用する方向に対して垂直に動く現象は他でも多く見られます。

◉コマはなぜ倒れないか

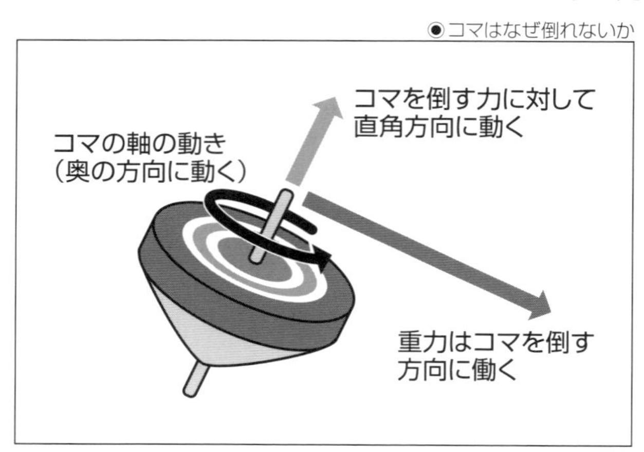

磁場によってプラズマを閉じ込めるための基本原理

磁場から受ける荷電粒子が受けるローレンツ力は、面白い性質をもっています。電磁気学の理論によると磁石のN極とS極の間には磁力線が形成されます。磁力線は磁場の向きを表しています。磁力線は目には見えませんが、磁場が存在すれば、そこに磁力線があるのです。

◉見えない磁力線

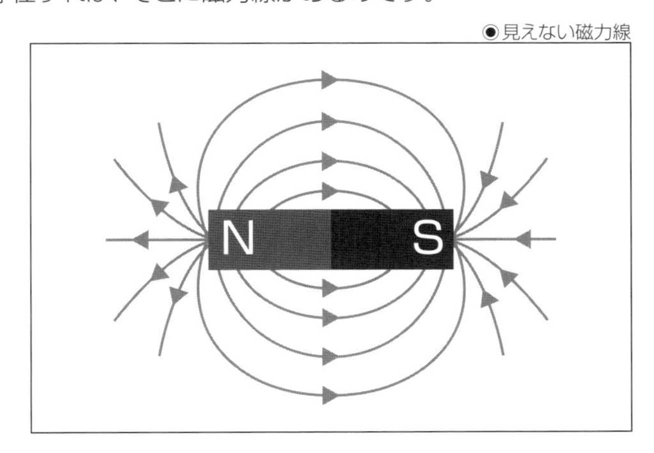

クーロン力の作用する方向は電場の向きの方向でした。これに対してローレンツ力の作用する方向は荷電粒子の速度の方向と磁力線の方向の両方に垂直な方向なのです。垂直方向は2通りありますが左手の指を使って説明しますと、正の荷電粒子の場合、親指、人差し指、中指を互いに垂直になるようにして、中指の方向を速度の方向、人差し指の方向を磁力線の方向に合わせた場合、親指の方向がローレンツ力の方向になります。

◉ローレンツ力

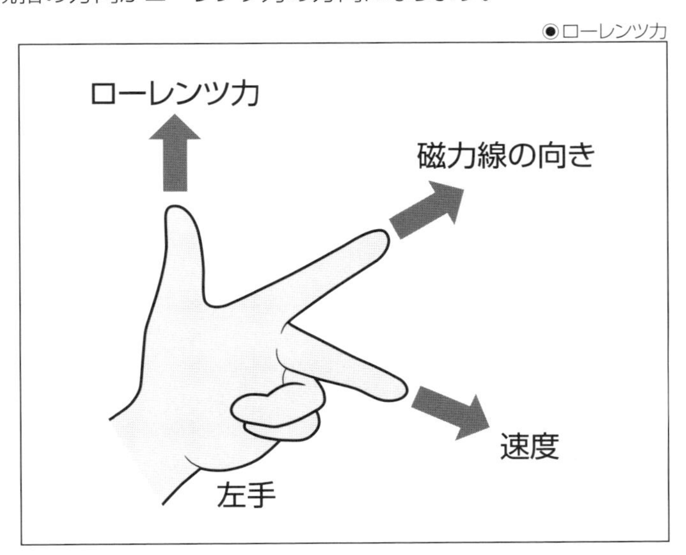

ローレンツ力は電荷の動く方向に常に垂直に力が作用するため荷電粒子は常に運動の方向を変え続け、まっすぐ進むことはありません。またローレンツ力の大きさは荷電粒子の電荷と速度の大きさ、磁場の大きさの3つの値の積になります。電場によるクーロン力は電荷と電場の大きさの積の値ですが、磁場によるローレンツ力は、さらに速度の大きさが掛けられているのです。速度が大きくなればローレンツ力も大きくなり、物体が停止すればローレンツ力も作用しません。このようにクーロン力と異なりローレンツ力は物体の運動が、力の向きや大きさに影響を与えるという特徴があります。

ところがニュートンの運動法則によれば常に進行方向に対して垂直に働く力は物体のエネルギーを増やしたり減らしたりしません。これは物体の速度は一定の大きさを保つことを示しています。そのため磁場だけが存在する場合、荷電粒子に作用するローレンツ力の向きは変わりますが大きさは変わりません。同じ大きさの力が進行方向に対して垂直方向に作用し続けると物体は一定の速度の大きさで円を描いて運動します。したがってローレンツ力が磁場から作用している荷電粒子の運動は、磁力線に垂直な面内で磁力線のまわりに等速で円を描いて運動することがわかります。

荷電粒子は磁力線の方向には、磁場からローレンツ力を受けません。これはクーロン力が電場の方向に力を受けるのと異なっています。そのため荷電粒子は磁力線方向には磁場の影響を受けず磁力線に沿って自由に動きます。磁力線に垂直方向には円運動し磁力線方向には磁力線に沿って動く。つまり荷電粒子は磁力線に巻き付くように、バネのような「らせん」を描きながら運動することになります。このとき磁力線に対して垂直方向の運動は制限され荷電粒子は磁力線に閉じ込められていることになります。

磁場によってプラズマを閉じ込めるための基本原理は、磁力線に荷電粒子が巻き付く運動することを利用してプラズマを閉じ込めることです。

SECTION-26

磁場に閉じ込められたプラズマの複雑な振る舞い

電場が生じることにより磁力線から荷電粒子が逸脱する運動

磁場によるプラズマ閉じ込めの基本原理は、荷電粒子が磁力線に巻き付く運動をすることです。もし荷電粒子が磁力線の周囲を回転する軌道から外れてしまったら、もはや、磁場は荷電粒子であるプラズマを閉じ込めることはできません。そのような荷電粒子が磁力線から逸脱し外れてしまう運動をプラズマ物理ではドリフト運動と呼びます。荷電粒子は、どのような場合に磁力線から逸脱してしまうのでしょうか？　ドリフト運動の代表例に磁場に閉じ込められているプラズマに電場が生じることによるE×B（イークロスビー）ドリフトがあります。今まで荷電粒子に磁場からローレンツ力のみが作用する運動を考えてきましたが、もしローレンツ力に加えて荷電粒子に電場からのクーロン力が作用すれば運動はどうなるでしょうか？

荷電粒子はローレンツ力により円運動します。円運動に電場によるクーロン力が作用するとクーロン力の方向に円がずれて動いていくのではと予想できますが、これは誤りです。なぜなら荷電粒子は円を描いて運動していますので位置よって速度の向きは変わり続けます。クーロン力の作用する方向は一定ですが、それに対する速度の向きは変化します。その結果、速度の向きに対してクーロン力の向きは変化し、結果としてクーロン力は速度の大きさを増減させます。つまりクーロン力が作用すると同じ速度の大きさで円運動するのではなく、速度の大きさが常に変わりながら運動するのです。ローレンツ力の大きさは速度の大きさによって変わりますので、ローレンツ力によって引き起こされる円運動の回転半径も一周する間にクーロン力により加速されると大きくなり、減速されると小さくなります。これは磁場のみ存在していて速度の大きさが一定になるためローレンツ力の大きさが変わらない場合に比べて、なかなか複雑な状況です。

ニュートンの運動方程式に基づいて、このサイクロトロン運動により回転する荷電粒子の運動を詳しく調べると、クーロン力の方向ではなく、それとは垂直に、かつ磁力線の方向にも垂直な方向に、荷電粒子は回転しつつ、まっすぐ運動することがわかります。これは磁力線に垂直な平面内の動きで、らせんを描きながら運動しているのではないことに注意してください。磁力線方向の運動は力が磁力線方向に働いているときは加速し、それ以外は等速運動します。この電場による磁力線に垂直方向の運動をE×Bドリフトと呼びます。クーロン力の作用する向きに垂直に運動するということは、不思議な結果ですがニュートンの運動法則から、この結論を導くことができるのです。これは回転するコマが倒れない原因は重力の方向に対して垂直にコマの回転軸が動くからということと似ています。

◉磁場閉じ込めの原理　サイクロトロン運動

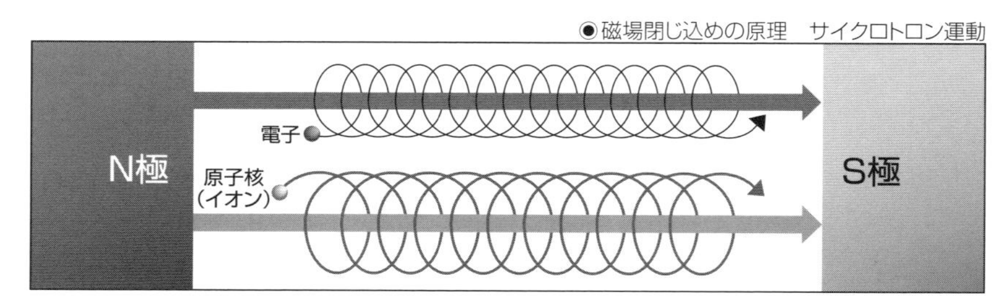

もし磁場に閉じ込められたプラズマに正の電荷が大きい領域と負の電荷が大きい領域が生じたら、そこに電場ができます。すると磁力線から逸脱する運動E×Bドリフトが生じてしまうのです。

興味深いことは、このE×Bドリフトによる磁力線から逸脱する速度の大きさは電場の大きさと磁場の大きさのみで決まることです。電場の向きと磁場の向きが垂直な場合なら電場の大きさを磁場の大きさで割った大きさ（v=E/B v:速度の大きさ、E:電場の大きさ、B:磁場の大きさ）になります。電場と磁場の大きさ以外にクーロン力は電荷の大きさ、ローレンツ力は電荷の大きさに加えて荷電粒子の速度の大きさによっても変化します。ニュートンの運動方程式では同じ大きさの力が作用しても質量の大きさによって速度の変化量、つまり加速度は変化します。ところがE×Bドリフトの速度は荷電粒子の質量の大きさや電荷によらないのです。

これは直感的には奇妙なことではないでしょうか。風が吹いている状況を想像してみてください。同じ風でも質量の軽い木の葉は簡単に吹きとばされますが、質量の重い自動車は、ほとんど動かないでしょう。物体の運動は質量によって大きく異なりますがE×Bドリフトの場合は、まったく同じ速度で運動するのです。E×Bドリフトの運動方向は物体のもつ電荷が正であろうと負であろうと同じ向きです。負の電荷があると電荷が正の粒子なら引き寄せられ、負の電子なら反発する、そういう運動とはまったく異なった運動なのです。物体がある場所に、どのような電場と磁場が存在するのか、ただ、それだけで荷電粒子の質量や電荷の特性にかかわらず、荷電粒子の運動が決定されます。E×Bドリフトは、このような運動なのです。

磁場に閉じ込められたプラズマに存在する複雑な流れ(乱流)

E×Bドリフトの速度の大きさが電場と磁場の大きさのみで決まるということは電場が存在すれば、磁場に閉じ込められている、あらゆる荷電粒子は質量の大きさや電荷の大きさにかかわらず等しく同じ速度で同方向に動きます。陽子や中性子は電子より約2000倍質量が大きく、ほとんどの運動で振る舞いは大きく異なります。この質量差は例えれば、1冊の辞書と1台の自動車ぐらい違うのです。ところがE×Bドリフトによる速度は同じなのです。

プラズマの、ある空間領域に存在する荷電粒子が正の電気を帯びていようが負の電気だろうが、質量が重かろうが軽かろうが関係なくすべて同じ速度で運動をするのです。つまりその領域にあるプラズマすべてが、いっしょに移動し、プラズマに流れをつくることになります。E×Bドリフトによる流れの方向は磁力線に垂直です。したがって磁力線に巻き付いて固定されているプラズマを磁力線から流してしまいます。これはプラズマの閉じ込め性能に大きな影響を与えます。磁場中のプラズマでは、このような電場に起因する、さまざまな流れがあるのです。

磁場に閉じ込められたプラズマでは、電場の振動が波として伝搬します。このような電場の波は磁場と相まって複雑な構造をもったE×Bドリフトによるプラズマの流れを作ります。このような流れを乱流と呼びます。この複雑な流れは磁力線に垂直方向にのみ形成され、磁力線の方向には形成されません。一般的にはどんな流体にも条件を満たせば乱流が発生しますが、磁場中のプラズマの乱流は、磁力線に垂直方向にのみ存在し磁力線方向には乱流が存在しないという点で特徴的です。プラズマの乱流は閉じ込め性能を劣化させる要因になるため乱流を制御、抑制することはフュージョンエネルギー生成実現のための重要な研究課題になっています。

●E×Bドリフトによる荷電粒子の動き

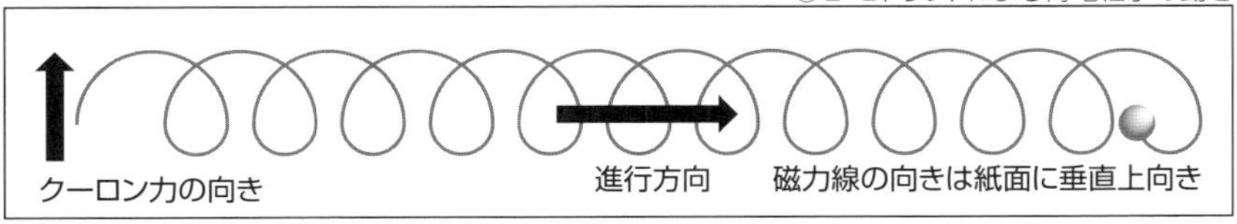

クーロン力の向き

進行方向

磁力線の向きは紙面に垂直上向き

SECTION-27
トーラス型磁場が高温のプラズマを閉じ込める

端のないトーラス型磁場によるプラズマ閉じ込め

磁場によるプラズマ閉じ込めを実現するためには、ドリフト運動やそれによる乱流以外にも解決しなければならない問題があります。荷電粒子は磁力線に巻き付いて運動しますが、磁力線に沿った方向の運動は自由ですから、この方向に動く荷電粒子を、どうすれば閉じ込めることができるのでしょうか?

この解決方法の1つとして磁力線の端と端をつなげて円環状にするという方法があります。円環状の磁力線を運動する荷電粒子は1周すると元の位置に戻ることが期待されるからです。磁力線全体の形状としてはドーナッツ型になります。このドーナッツ形状をトーラスと呼びます。

この方法は、一見、完全な解決手段に思えますが、実は大きな問題があるのです。ニュートンの運動の法則にしたがって円環状の磁力線に巻き付いて運動する荷電粒子の運動を調べてみると、徐々に磁力線からトーラスの上下方向に外れてドリフト運動することがわかります。原因は、トーラスに沿って円運動する荷電粒子にはトーラスの中心から外側に遠心力が作用するため、この力に垂直の方向でかつ運動の方向にも垂直である上下方向にドリフト運動するのです。またしても力に垂直方向に動くコマの運動に似た運動がでてきました。このようなドリフト運動を曲率ドリフトとよびます。

しかもやっかいなことに曲率ドリフトは正の荷電粒子と負の荷電粒子とでは運動の向きが反対です。そのため荷電分離と呼ばれる正の電荷が大きい領域と負の電荷が大きい領域がトーラスの上下部にできてしまいます。この2つの領域間に上下方向に電場が形成されることになります。新しく生じた電場は荷電粒子をE×Bドリフト運動により、プラズマを水平方向外向きに流してしまいます。そのため、あっという間にプラズマは磁場の外に追い出されてしまいます。残念ながらトーラス型磁場はまったくプラズマを閉じ込めることができなかったのです。

◉トーラス磁場

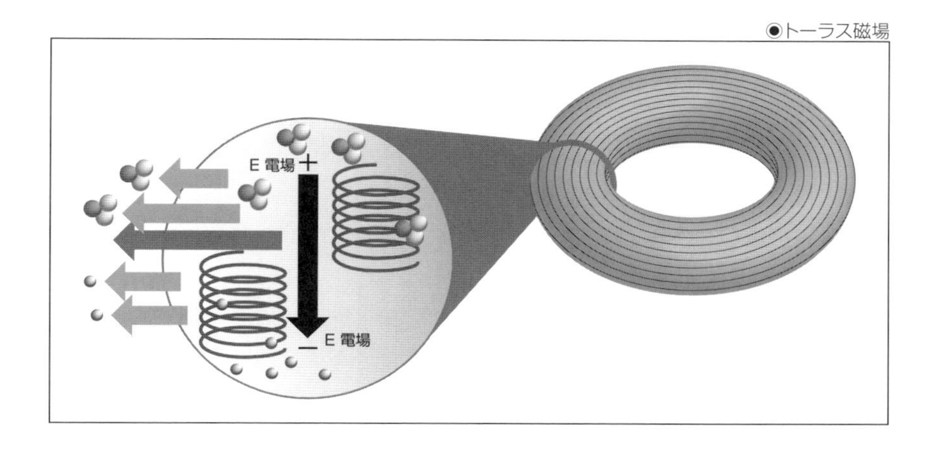

トーラス型磁場をねじってひねりを加える　回転変換

　トーラス型磁場は曲率ドリフトとE×Bドリフト運動によりプラズマを閉じ込めることができないことがわかりました。科学者は大きな壁にぶつかったのです。この問題はスピッツァー博士による画期的なアイディアにより解決されました。トーラス状の磁力線をねじって「ひねり」を加えるのです。

　ここで説明のためにトーラス面上でトーラスの円周方向をトロイダル方向、トーラス断面の円周方向をポロイダル方向と呼ぶことにします。ひねりとはトーラス面上でトロイダル方向に向いている磁力線をポロイダル方向に傾けることです。すると磁力線はトーラス面上でトーラス面に巻き付くように周回することになります。磁力線にひねりを与えることを、磁力線に回転変換を与えるといいます。

◉トロイダル方向とポロイダル方向

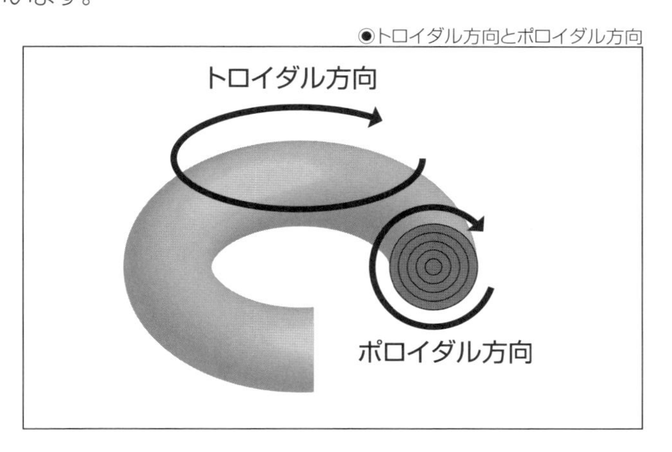

紐を使ってトーラスをねじってひねりを加えることの説明をしましょう。輪になった紐があったとします。この形はトーラスです。この輪を、1箇所切断すると、まっすぐな紐ができます。両手で紐をもって、右手と左手で反対方向に紐をねじります。そして再び切断した箇所をつなぎます。これで、できあがりです。お祭りで使う「ねじりはちまき」を作ることと同じです。紐の代わりに磁場を使えば、回転変換が与えられたトーラス状の磁力線ができます。

この回転変換、ひねりを加えることにより曲率ドリフトの方向がトーラスの上下方向からトロイダル方向に向くようになります。ポロイダル方向に運動する荷電粒子の遠心力の方向は運動の軌道に対して外向きになります。したがって曲率ドリフトの向きは運動の方向にも垂直であるトーラス方向になるのです。これにより荷電粒子がトーラス内をドリフトするようになるために磁力線から逸脱してもトーラス内にとどまりやすくなるのです。

また荷電粒子が上部から下部へ、下部から上部へ移動するので、正の帯電領域は負の領域へ、負の帯電領域は正の領域へ移動します。そのために上下方向に発生していた電場の形成が緩和されます。これによってE×Bドリフト運動によるプラズマの磁場の外への排出も抑制されることになります。

スピッツァー博士は、トーラス磁場に画期的な回転変換を与えるというアイディアに基づいてステラレータという装置を完成させました。トーラス型磁場による高温プラズマ閉じ込め装置の未来を切り拓いたのです。

●ひねりが加えられたトーラス磁場

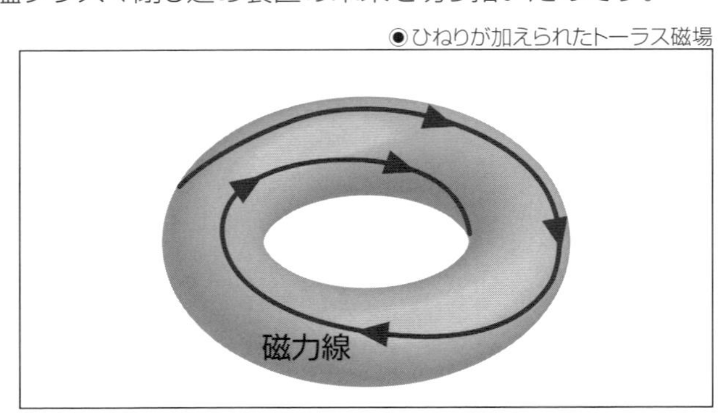

トーラス磁場に回転変換を与える方法(トカマク型磁場)

トーラス型の磁力線に回転変換、ひねりを与えればプラズマをうまく閉じ込めることができることがわかりましたが、この回転変換が与えられた磁力線は、どうすれば作れるのでしょうか?

その前に、磁場を形成する方法についてお話しなければなりません。磁場を生成するには2つの方法があります。1つは永久磁石を用いる方法、もう1つは電流を用いる方法です。フュージョンエネルギーでは電流を用いて磁場を作ります。

電磁気学によれば電流が流れていれば、その電流を取り囲むように円状に磁力線が生じることがわかります。電流が作る磁場には永久磁石のS極、N極に相当するものはなく磁力線に端はありません。しかし磁力線には向きがあり永久磁石ではN極からS極の方向に向いていますが、電流が作る磁場では電流が流れていく方向に対して時計回りの方向を向きます。また直線ではなく円環状に電流が流れれば円環の内側に円の面を垂直に貫く方向に磁場が生成します。

いま円環状に電流を流すことができるコイルを複数用意します。このコイルを立ててコイルの円環がトーラスの断面を囲むように複数のコイルが円状に並ぶように設置します。このコイル群に同方向に電流を流すと磁場は円環の内側に、円環に対して垂直に生成します。そのためトーラス状に並べられたコイル群の円環の内側にトーラス磁場が形成できることがわかります。

◉電流と生成された磁場

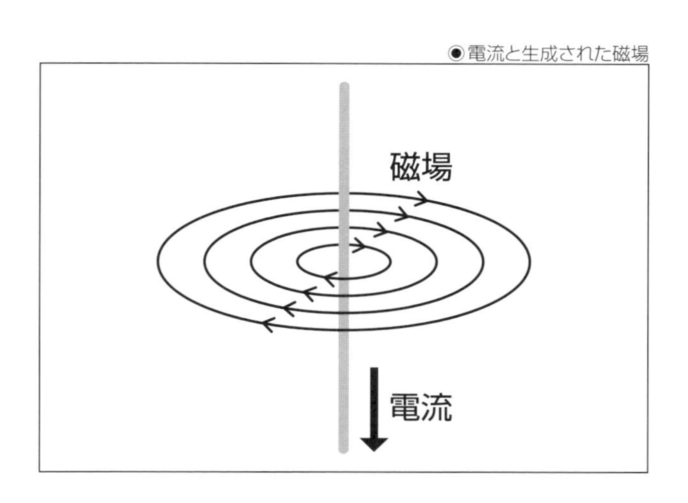

◉円環電流がつくる磁場

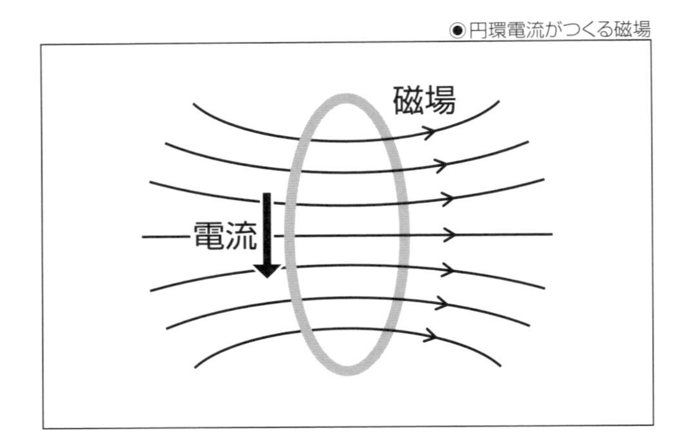

このトーラス磁場に回転変換、ひねりを与えるには、円環状のコイルの配列をトーラス状でなく、ひねりをもった磁力線になるように並べてみたり、ヘリカルコイルと呼ばれるヘリカル状(らせん状)のコイルを用いたり、または複雑な形状をもつモジュラーコイルと呼ばれるコイルを用いたりする方法があります。

しかし、このようなコイルの特殊な配列や特殊なコイルを用いる方法とは別の手段で、回転変換、ひねりをもった磁場を作ることができます。まず円環状のコイルを並べて設置し、トーラス磁場を形成して磁場に閉じ込められたプラズマ内部に電流を流します。プラズマは、荷電粒子の集まりなので、とても電流が流れやすいという性質があります。トロイダル方向に流れる電流はポロイダル方向に磁力線を形成します。したがって、トロイダル方向に形成されるトーラス磁場(トロイダル磁場)とポロイダル方向に形成される電流による磁場(ポロイダル磁場)が合成されトーラス磁場に回転変換、ひねりを与えた磁場が形成されるのです。つまり閉じ込め磁場をあらかじめ用意したコイルだけでなくプラズマに自分でも作ってもらって両方の磁場でプラズマを閉じ込めるのです。この方法をトカマク方式、トカマク型磁場と呼びます。

トカマク型磁場はタム博士、サハロフ博士らにより考案されました。しかしトカマク型磁場により、本当に高温プラズマを閉じ込めることができるのか、当初は多くの研究者が懐疑的に見ていて実現性を疑問視していました。というのはプラズマに流れる電流により回転変換を与えるのですが、回転変換がないトーラス磁場はプラズマを閉じ込められません。すると電流を担うプラズマが装置のなかに存在しないことになり、電流を流すことができません。ということは回転変換を与えることができないことになります。この問題は、ニワトリがいなければ卵を産むことができず卵がなければニワトリは生まれないという、ニワトリが先か卵が先かというパラドックスに似ています。

しかしアルツィモビッチ博士が、実際にトカマク型装置T-3を開発して実験を行うと、トカマク型磁場を生成できることがわかりました。T-3装置は当時の他の磁場閉じ込め装置に比べて、より完璧な閉じ込め磁場を生成し、すぐれた性能を示すことがわかったのです。この成果が発表されると世界中でトカマク型装置が建設されるようになりました。

SECTION-28

最先端のトカマク型閉じ込め磁場装置とは?

トカマク型閉じ込め磁場による生成装置の成り立ち

トカマク型閉じ込め磁場によるフュージョンエネルギー生成装置について説明しましょう。フュージョンエネルギー生成のためのトカマク型磁場閉じ込め装置の中心はプラズマ生成装置です。装置は磁場生成のための巨大な超伝導コイルを組み合わせて作られています。以下、トカマク型閉じ込め磁場によるフュージョンエネルギー生成装置を略してトカマク型装置と呼ぶことにしましょう。

高温のプラズマは真空容器の中に生成されます。真空容器の内側はブランケットにより覆われており、ここで発電のために必要な熱をとりだします。またダイバータと呼ばれるプラズマの閉じ込め性能を劣化させる不純物の流入を低減するための装置が取り付けられています。ブランケットから取り出された熱エネルギーは蒸気発生装置により水蒸気に変換され蒸気タービンを用いて発電が行われます。

トカマク型装置にはプラズマを閉じ込める機能に加えてプラズマを加熱する装置が取り付けられています。加熱装置はプラズマ中に電流を生成する(電流駆動)装置としても利用されます。装置には2種類のプラズマ加熱装置が取り付けられています。1つは高エネルギー粒子ビームをプラズマに入射することでプラズマ加熱を行う中性粒子ビーム加熱装置です。もう1つはマイクロ波をプラズマに入射することでプラズマを加熱する電子サイクロトロン波共鳴加熱装置です。

さらにプラズマの温度などさまざまなパラメータを計測するための多くの種類のプラズマ診断計測装置が取り付けられています。また真空状態を作り出すための真空排気装置、真空容器内に燃料を供給するための燃料供給装置、液体ヘリウムを超伝導コイルに供給するための液体ヘリウム循環装置など、さまざまな種類の装置が取り付けられています。

◉トカマク型閉じ込め磁場によるフュージョンエネルギー生成装置

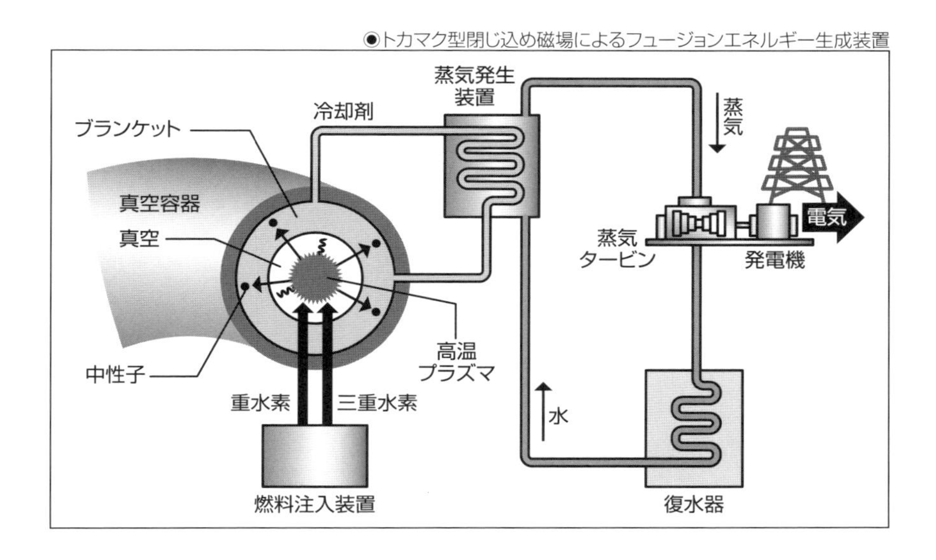

トカマク型磁場を生成する超伝導コイル

トカマク型装置には磁場を生成するために多数のコイルが取り付けられています。円環状のトーラス磁場を生成するための複数のトロイダル磁場コイル、トーラス形状のプラズマの円環が広がろうとする力(フープ力)をキャンセルするために用いられるポロイダル磁場コイルが代表的なコイルです。プラズマ中に電流を流すための中心ソレノイド(コイル)も取り付けられています。

これらの中でもトロイダル磁場コイルは中心的な役割を果たすコイルです。ここまでの説明ではトロイダル磁場を作るコイルやプラズマ断面は円形であるとして説明してきましたが、現在進んでいるトロイダル型装置では英文字の"D"の形をしたD型コイルが用いられることになっています。コイルは磁場をつくりますが、同時に他のコイルがつくる磁場から力を受けます。この力に耐えるようにコイルは設計されなければなりません。D型形状コイルが採用された理由は円形型コイルに比べてコイルをねじる方向にかかるストレスが小さいためです。またトーラスの内側領域の方がプラズマは安定であると考えられるのですが、断面がDの形をしたプラズマは円形断面プラズマに比べて内側領域の体積が大きいため、よりプラズマが安定することが期待されています。しかし、どのようなプラズマ断面形状がよいかという問題は、未解明の部分が多く研究課題になっています。

コイルはたいへん強力な磁場を発生させる必要があるため大きな電流を流す必要があります。コイルは発熱により温度が上昇します。発熱量はコイルの抵抗に電流の大きさを二乗した量をかけた値に比例して大きくなります。また抵抗は温度が上昇すると大きくなるという性質があります。コイルには抵抗の低い銅線が用いられますが、抵抗はゼロではないので、大きな電流を流すと発熱します。電流を流し続けると急激に温度上昇し破壊してしまうので、長時間電流を流し続けることができません。またコイルの発熱に相当するエネルギーの損失があるので好ましくありません。

抵抗は温度が減少すると小さくなります。冷却により電気抵抗を小さくする研究で、特定の物質を絶対零度近くまで冷却すると電気抵抗が完全にゼロになることが発見されました。この特定の物質を超伝導材といいます。超伝導材は液体ヘリウムによってマイナス269度まで冷却することにより電気抵抗をゼロにすることができるため発熱がありませんので長時間電流を流すことができます。しかも流れている電流が失われることはなく、外部から電流供給を行わなくても流れ続けます。この現象を永久電流とよびます。これらの理由によりトカマク型装置のコイルの材料として超伝導材が用いられます。

このように液体ヘリウムでコイルを冷却するためには外部から熱が入ってこないように断熱することが必要です。トカマク型装置ではクライオスタットと呼ばれる熱伝導しない真空層で覆われた容器が用いられます。真空とは、熱を伝える物質が希薄な状態です。魔法瓶は真空層によって熱の移動を防ぎ長時間、保温、保冷することができます。クライオスタットは魔法瓶のようなものです。

真空容器とは何か?

フュージョンエネルギーを生成するプラズマは真空容器の内部で生成されます。真空容器は内部が真空状態であるトーラス形状の金属製の容器です。

燃料である水素以外の物質は不純物と呼ばれます。不純物が高温水素プラズマ内に流入すると閉じ込め性能を劣化させる原因になります。そのため真空容器は内部で高い真空を実現するように造られており、外部からのわずかな不純物の流入も許しません。

トカマク型装置では、プラズマの体積が大ききほど大きいほど、プラズマを閉じ込めて大きなフュージョンエネルギーの出力を生成する高エネルギー領域を達成することが容易になります。したがって、巨大なプラズマを覆うために、さらに巨大な真空容器が必要になります。

高温プラズマと真空容器を隔てるダイバータ

トカマク型置ではコイルにより真空容器内部に磁場によって真空容器から高温プラズマを浮かすことによって容器壁との接触を避けることができます。しかし実際には高温プラズマのもっとも外側の表面を容器壁から完全に引き離してプラズマを浮かせることは難しいです。そのため高温のプラズマが接触した容器壁から、壁材などの不純物がプラズマ内に流入し、プラズマを冷却して温度を下げてしまいます。そこでリミターと呼ばれる耐熱性に優れた固体の板を容器内に挿入してプラズマと接触させ、直接、容器壁と高温プラズマは接触しないようにして容器壁から不純物のプラズマへの流入を抑える方法が考え出されました。

リミターとプラズマの接触面積は狭く、小さな領域に高温プラズマから熱や粒子が流入しますので、リミターを製作するのに、どのような材料を用いるかは、とても難しい問題です。材料には高パワーの熱の流入に耐え壊れないこと、熱伝導率が優れていて、すみやかに熱を外部に排出することで温度上昇を抑制できること、そして熱が流入してリミターが高温になるとリミターから燃料以外の不純物が放出するのですが、その不純物の量が少なくプラズマへの影響が少ないこと求められます。

このようにリミター材料に求められる性能要件はとても高く、条件を満たす材料は、なかなか見つかりません。またリミター材料の性能が、装置そのものの性能に大きな影響を与えます。そこでリミターを発展させたダイバータとよばれる装置を用いる方法が新しく考え出されました。

ダイバータは、高温プラズマ閉じ込め領域のもっとも外側の磁力線をプラズマ本体から離れた場所に引き出し、そこに新たに磁場の領域を作り出します。その領域でリミター板と同様なダイバータ板をプラズマに接触させる方法です。プラズマとの接触領域をプラズマから離れた場所に移動させ、同時にプラズマとの接触面積を広げることでダイバータにより不純物のプラズマへの流入を低減させると同時に、ダイバータ板への熱的な要求性能も軽減されます。

しかし将来のトカマク型装置では数10MWm^{-2}ものダイバータ板への熱の

流入が予想され、この熱に耐えうる高い性能要件を満たすダイバータ装置を開発することが求められています。そのためにもダイバータを構成する高性能な材料の研究は、とても重要です。

◉リミターとダイバータ

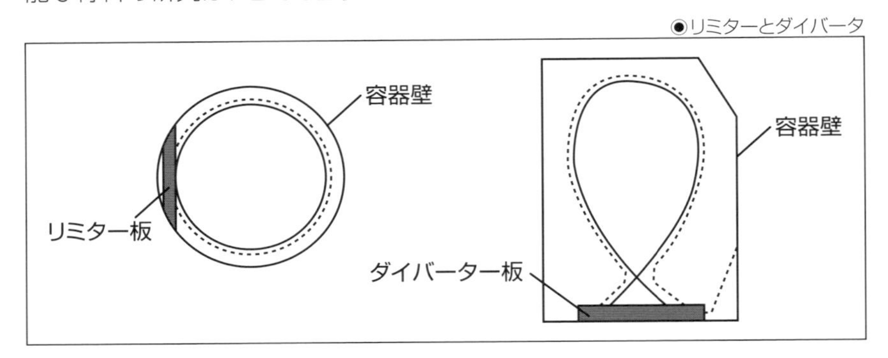

ブランケットとは何か?

ブランケットとは真空容器内にプラズマ全体を覆うように設置される容器のことです。

ブランケットには重要な目的が3つあります。第1の目的はフュージョンによって生成する高いエネルギーをもった中性子が外部に流出することを遮蔽することです。ブランケットの外側にある超伝導コイルなどの、あらゆる機器がうける放射線を減らすことです。第2の目的は熱エネルギーをブランケット内で取り出すことにあります中性子のエネルギーはブランケットを加熱することにより熱エネルギーに変換されます。熱エネルギーは冷却剤により外部に移送され蒸気発生装置により高温の水蒸気が作られます。この水蒸気によりタービンを回して発電します。

ブランケットは、もう1つ重要な役割を担っています。それは燃料増殖です。フュージョンエネルギー生成に使われる燃料は重水素と三重水素ですが、このうち重水素は地球上に豊富に存在します。しかし三重水素の地球上での資源量は、たいへん少なく別の方法で生産することが求められています。

そこでリチウムの原子核に中性子を衝突させることで原子核を変換し三重水素を生産する方法が考えられています。そのためにリチウムを含む材料でブランケットを作り、プラズマからフュージョン反応により生成する中性子と反応させ装置内でエネルギーを生成しながら三重水素も同時に生産する方法が考えられているのです。

SECTION-29

フュージョンエネルギーを生成するためにプラズマを加熱する

中性粒子ビーム加熱とは

プラズマを高温にするためにトカマク型装置にはプラズマ加熱装置が必要です。またトカマク型装置ではプラズマ閉じ込めに不可欠なプラズマ中に電流を流すための電流駆動装置としても用いられます。トカマク型装置内で生成されるプラズマは中性粒子ビーム装置や電子サイクロトロン波共鳴加熱装置を用いて加熱します。

最初に中性粒子ビーム装置について説明しましょう。この装置は高エネルギーつまり大きな速度をもつ荷電粒子のビームを、装置内に数万ボルトもの高い電圧を加えた電極を用いて加速し作り出します。この高エネルギーの粒子ビームを磁場に閉じ込められたプラズマに入射します。高エネルギーすなわち高速の粒子がプラズマ内の荷電粒子と衝突することで、プラズマ内の荷電粒子の速度が増加し、プラズマの温度を上昇させることが期待されます。

ところが、これだけでは、この方法はうまくいきません。なぜなら磁場に閉じ込められたプラズマに高エネルギーの電気を帯びた荷電粒子を入射しても、内部に侵入せず跳ね返されてしまうからです。これはプラズマが磁場で作られた容器に閉じ込められているためです。密封された容器に外から物をいれることはできないことと同じです。

磁場から力を受けるのは電気を帯びた荷電粒子だけですから、電気を帯びていない電気的に中性である粒子は磁場の容器を素通りすることができます。そこで加速された高エネルギーの荷電粒子を中性化セルという装置を用いて電気的に中性である中性粒子に変換することでプラズマ内に入射することができます。プラズマ内に入射された高エネルギーの中性粒子はプラズマ内の荷電粒子から再び電気をもらって荷電粒子になり、高エネルギーを保ったまま磁場の容器に閉じ込められます。

高エネルギー荷電粒子がプラズマの低エネルギー荷電粒子と衝突することでプラズマは加熱されます。ところが荷電粒子どうし直接衝突することは、あまりありません。プラズマ内に存在する粒子数は加熱に必要な十分な衝突が起こるには、とても希薄だからです。

しかしプラズマは荷電粒子の集まりなので、電気を帯びておりお互いクーロン力が働きます。そのため直接衝突しなくても、高エネルギー荷電粒子が低エネルギーのプラズマ中の荷電粒子に、ある程度近くまで接近するだけで低エネルギー荷電粒子にエネルギーを与える、つまり加速することができます。このような衝突をクーロン衝突と呼びます。

　このときプラズマの低エネルギー荷電粒子が加速されると、その分高エネルギー荷電粒子はエネルギーを失い減速します。エネルギーは常に保存されますので低エネルギーの荷電粒子が得たエネルギーに相当するエネルギーを高エネルギー荷電粒子は失うことになるためです。

　正の電気を帯びた粒子をイオンと呼びます。プラズマのイオンの速度に比べて高エネルギービームイオンの速度が大きく異なる場合、低速のプラズマイオンの得るエネルギーは少なく、あまり加熱されません。これはビーム内のイオンが高速であるために一瞬で通り過ぎてしまいクーロン力が作用する時間が非常に短いため十分にイオンが加速されないためです。

　しかしプラズマ内には多数の電子が存在します。電子はイオンに比べて約1/2000程の質量しかもたないため短い時間で高速イオンに引き寄せられ引きずられ電子はエネルギーを得ることができます。したがってプラズマのイオンの速度より高速の中性粒子ビームを用いてプラズマを加熱した場合、主としてプラズマ中の電子がエネルギーを得て加熱されることになります。

電子サイクロトロン波共鳴加熱と偏光

　プラズマにマイクロ波を入射することでプラズマを加熱し電流を駆動することができます。マイクロ波は光と同じ電磁波の一種です。電磁波は電場と磁場が振動し波として伝搬します。電場が振動することで荷電粒子を加速し加熱することができます。

　電磁波の電場の振動の方向は電磁波の進行方向に対して垂直です。つまり進行方向に垂直な平面内で電場は振動しています。このような波を横波といいます。水面に生じる波も横波です。縦波という進行する方向に振動している波もあります。音波がその例です。電磁波では磁場の振動も進行方向に対して垂直で、電場の振動方向に対しても垂直に振動します。

◉電磁波は横波

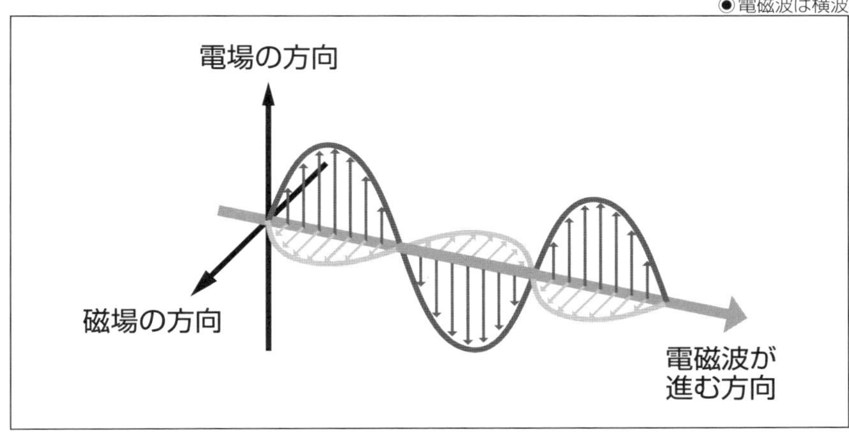

単純に、このマイクロ波をプラズマに入射しただけでは、効率よく荷電粒子を加速することはできません。なぜなら、電場は平面内で振動しているために電場の向きは、この平面内で常に変化しています。荷電粒子は、この常に変化する電場の向きに力を受けます。力の向きは荷電粒子の進行する向きであるとは限らないので、アクセルとブレーキを交互に踏むように常に加速と減速を繰り返すことになるためです。

先述したように磁場中の荷電粒子は磁力線に巻き付くようにサイクロトロン運動という回転運動を行っています。このとき、もし磁力線に沿って伝搬する電磁波の電場の向きが磁力線に垂直な面内で回転していたら、そして荷電粒子の回転に同期するように荷電粒子の進行方向と電場の向きが常に一致していたら、荷電粒子は減速されることなしに同じ方向にどんどん加速され続けるでしょう。

磁場に閉じ込められたプラズマ中には、このように磁力線の方向に伝搬し電場が回転しながら振動する電磁波が存在し円偏光の電磁波といいます。円偏光の電磁波には電場の回転が進行方向に対して左周りの電磁波と右回りの電磁波の2種類があります。この振動に規則性がある電磁波を偏光（偏波）といいます。また偏光には波の振動が直線上で一定方向である直線偏光の電磁波も存在します。電場の向きを矢印で示し矢印の長さを電場の大きさとします。その矢印の先端を電磁波の進行方向につないでいくと直線偏光はサイン波になりますが、円偏光は「らせん」になります。

◉右回りの円偏波と左周りの円偏波

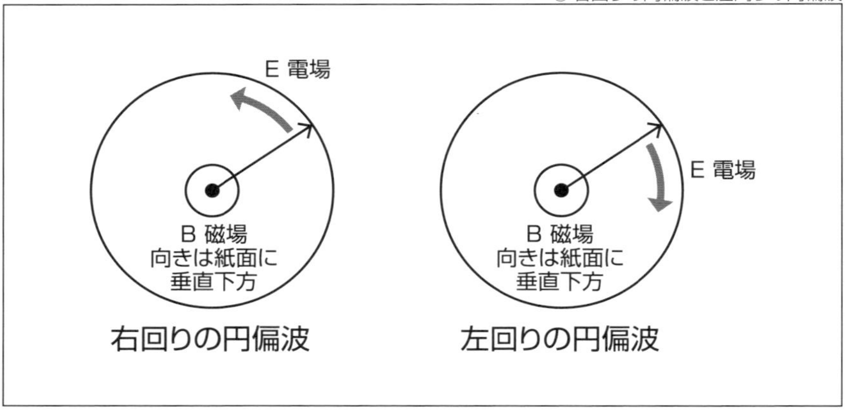

E 電場

B 磁場
向きは紙面に
垂直下方

右回りの円偏波

E 電場

B 磁場
向きは紙面に
垂直下方

左回りの円偏波

光の性質として波長（波の周期的な長さ、山と山の間隔）、周波数（単位時間に波の振動が繰り返される回数）は色の変化として人間が容易に知覚できるのですが、光の偏光は人間の目では直接知覚することができません。しかし光は波長に対応する色として分別することができるのみならず、偏光の違いとしても分別することができるのです。

光の偏光は、特定の規則性をもった偏光のみを通す偏光フィルターを使って調べることができます。実は光が反射されると特定の直線偏光の光のみ反射される性質があります。反射される光を直線偏光のフィルターを通して観察するとフィルターの向きが、ある向きのときは光が透過しますが、フィルターの向きを元の向きと垂直の向きに回転させると、光は透過しません。この性質を利用したのがカメラの偏光フィルターです。水辺の撮影をするときに偏光フィルターを装着してフィルターの向きを調整すると直線偏光した水面からの反射をカットして水中の様子を美しく撮ることができます。

円偏光の電磁波も自然光の中に存在します。この性質を利用した3D立体映像システムがあります。立体視は右目と左目の視差により、脳内で立体視感覚が構成されます。右目用の画像と左目の画像を別々に作り右目用は右回りの円偏光の光で左目用は左周りの円偏光の光で投影します。これを右目には右回りの円偏光のみを通す偏光フィルターを 左目には左回りの円偏光のみを通す偏光フィルターを通して見ると像が立体的に見えます。

さてサイクロトロン運動の回転周波数は、磁場の大きさにより決定されます。電子とイオンでは質量が異なるため回転周波数は異なります。サイクロトロン運動の回転方向も電子とイオンでは逆方向です。そのため電子とイオンでは、それぞれ異なるマイクロ波を使わないと加熱することができません。フュージョンエネルギー生成のためのプラズマでは、イオンに比べて電子の方が、よく加熱ターゲットとして考えられています。電子の回転方向と同期するのは右回りの円偏光のマイクロ波です。そこでプラズマ中に、電子の回転周波数に相当する周波数で振動するマイクロ波を入射すると、磁力線方向に進む右回りの円偏光のマイクロ波が効率よく回転周波数に相当する磁場の大きさをもった領域に存在するプラズマを加熱することができるのです。

このような電磁波の電場が荷電粒子を連続的に加速する現象を共鳴といいます。また右回りの円偏光のマイクロ波による電子の共鳴を電子サイクロトロン波共鳴、磁場の大きさが、この共鳴が起こる大きさであるプラズマ中の領域を共鳴層といいます。そして電子の共鳴によるマイクロ波による加熱を、電子サイクロトロン波共鳴加熱といいます。

電子のサイクロトロン運動の回転周波数はトカマク型磁場閉じ込め装置では数10GHzから数100GHzと大きく電子レンジ(2.45GHz)などでよく使われるマグネトロンと呼ばれるマイクロ波発生装置では電磁波を発生させることは難しいです。そこでジャイロトロンと呼ばれる相対論効果を利用したマイクロ波発生装置が用いられます。

●電子サイクロトロン波加熱の原理

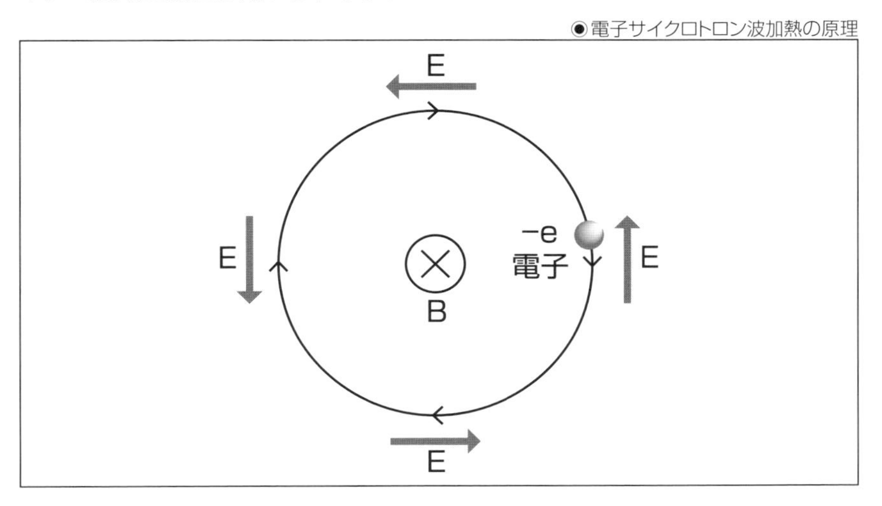

SECTION-30

極限のプラズマを診断する

プラズマの状態を知るプラズマ計測

高温プラズマからフュージョンエネルギーを生成するシステムではプラズマを計測することは、とても重要です。再び炭火でバーベキューをすることを想像してください。炭火が、どのように燃えているか、よく観察して、炭火の燃え具合を調整しないと、材料を上手に焼くことはできないでしょう。このどのように燃えているか観察し測定し、どのように燃えているか知ることを、すなわちプラズマ計測といいます。ではトカマク型装置では、何を計測すればよいのでしょうか?

フュージョンエネルギーの生成のためには1億度以上のプラズマを作らなければなりません。プラズマの温度が1億度になったか確かめるにはプラズマの温度を測定しなければならないでしょう。プラズマの性質を決定するのはプラズマの温度に加えて密度も重要ですから、密度を測定することも欠かせません。

フュージョンエネルギー生成がどの程度達成されたか知るためには、温度、密度、閉じ込め時間の積であるフュージョン三重積の値を調べなければなりません。またエネルギー増倍率Q値を評価することも必要です。これらの値の評価のためには温度、密度に加えて閉じ込め時間を測定することが必要です。閉じ込め時間はトカマク型装置内の高温プラズマを定常状態に保ち、プラズマの総エネルギー量(蓄積エネルギー)をプラズマの加熱のために外部から加えたエネルギーで割ることにより求めることができます。そのために高温プラズマの蓄積エネルギーを測定する必要があります。

トカマク型装置ではプラズマに流れる電流によりトーラス磁場に回転変換を与えます。そのため電流を計測することはトカマク型プラズマでは特に重要です。加えてトカマク型プラズマに、どのような回転変換が与えられているか調べることも必要です。トカマク型プラズマの研究では、この指標として回転変換の大きさの逆数である安全係数q値が、よく用いられます。安全係数と名付けられているのはq値が1より小さくなるとプラズマが不安定になることが理論的に指摘されているからです。安全係数が小さくなると回転変換が大きくなります。磁場をねじって、よりひねりを加えることを意味します。再び、ねじりはちまきを使って説明します。どんどん、はちまきの紐をねじれば、紐がよじれて、最後はぐちゃぐちゃになります。磁場も同じで、安全係数が小さくなると、よじれてしまいます。この不安定性を避けるためにトカマク型装置では安全係数を知りたいのです。

また装置は磁場によりプラズマを閉じ込めますので磁場を計測しなければなりません。加えて電場の測定も必要になるでしょう。フュージョンエネルギー生成装置ですから、フュージョンにより生成された中性子やヘリウム（アルファ粒子）の量も測定する必要があります。またプラズマには流れがあり、高温プラズマの内部で、どのような流れがあるか知りたいでしょう。

このように、フュージョンエネルギーを生成するためには、とても多くの測りたい量があるのですが、ここにあげたのは実際に行われている計測器が測定している量の一部に過ぎません。また、知りたい量を測る手段は1種類ではありませんので、それに対応して計測器の種類も豊富です。実際に実験段階のトカマク型装置では実に100種類を超える種類の計測装置が取り付けられています。

一方、実際にエネルギーを生産する商用のトカマク型装置では、こんなにたくさんの計測装置を取り付けるのは不可能と言われています。そのため最低限必要な計測器から、これらの量を知る必要があり、その手段の確立は課題になっていて研究開発が行われています。

プラズマ計測の難しさ

トカマク型装置内に生成される高温プラズマは巨大です。高温プラズマ内の中心部と周辺部では、測定したい計測量の大きさは異なります。例えばプラズマの温度は中心部では高温ですが、容器壁に近いプラズマ周辺部では低温です。そこでプラズマ計測では巨大なプラズマ中の異なる場所ごとに測定しなければなりません。またこれらの測定量は時間的に大きく変化します。その時間変化のスケールは数マイクロ秒から数時間の広範囲にわたります。

典型的な1つの高温プラズマ計測器が、どれくらいの計測データ量を出力するのか見積もってみましょう。1つのデータの大きさが2バイト、空間点が100点として、1マイクロ秒間隔で1時間測定を行った場合、計測で得られるデータ量は720ギガバイトにもなります。これは、ほぼ1テラバイトの容量の記憶装置に匹敵します。計測器の種類は100以上ありますのでデータ量は、さらに増加します。また画像のようなイメージングデータの場合は空間点が100より遙かに大きな数のデータになります。したがってプラズマ診断計測から得られる空間的時間的データは厖大な量(ビッグデータ)になります。そこでプラズマ診断では最先端のデータ処理技術や人工知能(AI)技術を駆使してデータ解析が行われます。

高温プラズマは計測装置にとって過酷な環境です。フュージョンエネルギーに必要なプラズマは1億度以上の高温です。通常よく使われる温度計測器を高温プラズマに差し込めばすぐに破壊されてしまうでしょう。そもそも、一般的な温度計測器には、1億度もの温度を測る能力はありません。したがってフュージョンエネルギーのための高温プラズマ計測では特別に開発された専用の計測器が用いられます。

高温プラズマは極限の状態にある物質で、知りたい物理量を直接計測することが、しばしば困難な場合があります。そのようなときは、測定できた量から物理法則を用いて、知りたい量を導くということが行われます。例えばプラズマの発する光を調べてプラズマの温度を推定することが行われます。これは、あたかもお医者さんが聴診器を使って聞こえた音から病気を判断することに似ています。そこでプラズマ計測を「プラズマ診断」と呼びます。高温プラズマを計測し診断する手法を研究開発することはフュージョンエネルギーの実現のために不可欠です。

レーザートムソン散乱計測装置

プラズマ計測の一例として、プラズマの温度を測定する装置、レーザートムソン散乱計測装置について説明しましょう。鍵となるのはいかにして高温のプラズマに直接触れずに温度を測定するのかということです。1億度以上のプラズマの温度を、どうすれば測ることができるのでしょうか?

みなさんは駅のプラットホームに立っていて列車が通過するときに、近づいてくる列車の音が、目の前を通過した瞬間に低くなってしまうことを経験されたことはないでしょうか? もちろん列車は常に同じ高さの音を出しているのですが列車は動いていますので近づいているときは本来の周波数より音が高くなり、遠ざかっていくときは音が低くなります。このように音を発生する波源(音源)が移動していることにより速度に応じて波の周波数が変化してしまう現象をドップラー効果といいます。この現象は音波だけなくさまざまな種類の波動に起こる現象です。

プラズマの温度は、物質を構成している荷電粒子の速度がわかれば、温度を求めることができます。もう少し正確に述べるなら、どのような速度の荷電粒子が、どのような割合でプラズマ中に存在するか知ることができれば温度を導くことができるのです。そこでプラズマから発せられる光、電磁波が、ドップラー効果により元の周波数に対して、どの程度周波数が増減したか、そして周波数が増減した光が、どのような割合で含まれているか測定すれば、その結果から速度に関する情報を得て温度がわかります。

この測定はプラズマ光を分光器で計測すれば可能です。分光器は太陽光を虹色の光に分解して観察できるプリズムと同じ原理に基づく計測器です。分光器を用いればプラズマ光に、どのような周波数の光が、どの程度含まれているかわかります（周波数と波長の積が光の速度になります。ここでは周波数を用いて説明しますが、光の速度は一定ですから周波数を波長に置き換えて読んで頂いてもかまいません）。この光の強度の周波数に対する分布をスペクトルといいます。スペクトルを調べることでプラズマの温度を導くことができます。

プラズマの光を分光器で測定することは高温のプラズマに直接、触れることなしに行えます。このようにプラズマから発生する可視光やX線などを計測してプラズマの計測を行うことを受動的計測法と呼びます。しかし、高温のプラズマを測定するには大きな問題があります。1億度以上にもなるプラズマは光をほとんど発しないのです。

この問題を解決するために、外部から光を入射し、光らないプラズマを光らせる方法が考えられます。この光を生成する装置としてレーザーを利用することができます。自然光には、さまざまな異なった周波数の光が含まれていますが、レーザー光は単一の周波数の光です。したがってドップラー効果による周波数の変化量を求めるのが容易で計測に適しています。

光などの波や粒子が、物体と衝突して進行方向を変える、反射する現象を散乱といいます。高温プラズマに入射されたレーザー光はプラズマ中に存在する電子により散乱されます。このときレーザー光は電子にエネルギーを与えることなしに散乱されます。イオンは、質量が大きいためレーザー光をほとんど散乱しません。このような電子による散乱をトムソン散乱とよびます。

散乱光のスペクトルにはドップラー効果により本来のレーザーの周波数と

は異なる周波数の光が含まれています。この散乱光を望遠鏡のような集光装置を用いて集めます。集光装置の焦点に集まった光を分光器で調べれば、散乱光のスペクトルがわかります。プラズマ中にどのような速度の荷電粒子が、どのような割合で含まれているかはスペクトルの広がりが示していますので、そこから高温のプラズマの電子温度を知ることができるのです。また散乱光の総量は電子密度に比例しますので、総量を測れば電子密度を測定することもできます。この計測法をレーザートムソン散乱計測と呼びます。

レーザートムソン散乱計測も高温のプラズマに直接触れないで測定することができます。プラズマそのものが発する光ではなく、プラズマを外部から光らせて計測するので、このような計測は受動的計測に対して能動的計測と呼ばれます。

●レーザートムソン散乱計測装置

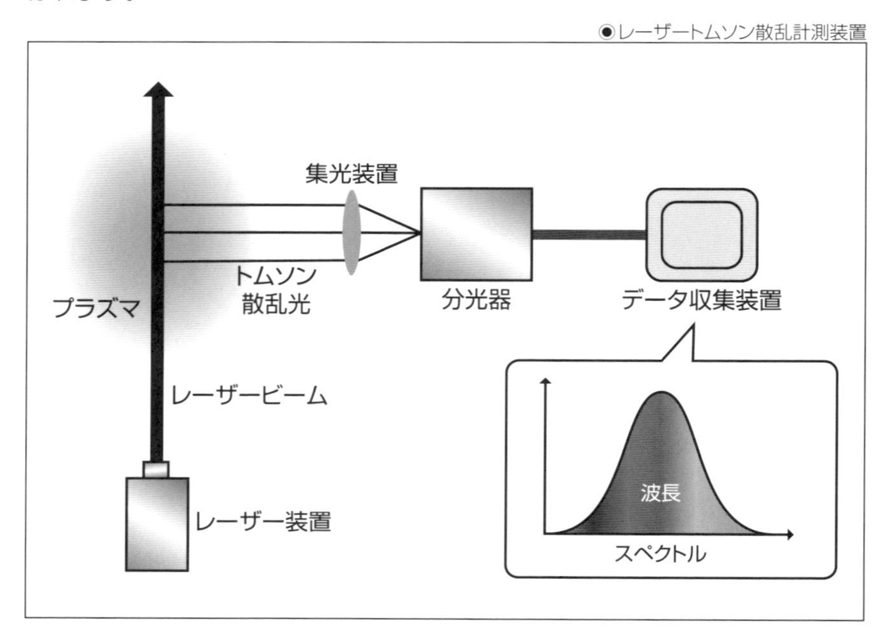

CHAPTER 3
ここまできた
フュージョンエネルギー

SECTION-31

トカマク型磁場閉じ込め フュージョンエネルギー生成装置

世界で最初に行われたトカマク型装置によるプラズマ閉じ込め実験は旧ソ連においてアルツィモビッチ博士らによって開発されたT-3装置によって1970年頃に行われました。

この装置はイギリスから持ち込まれたレーザートムソン散乱計測による計測で約1000万度のプラズマを生成閉じ込めることができることが確かめられました。当時は、「ヨーロッパ大陸を横切る鉄のカーテンが降ろされている」と言われるほど旧ソ連と西側諸国の科学交流が閉ざされていた時代で、当時発明されて10年くらいしか経ていない最新鋭のレーザー装置がイギリスから持ち込まれたということは画期的な出来事でした。

T-3装置の成果はフュージョンエネルギー開発研究において重要な転機となり、トカマク型装置の開発研究が世界中に広まっていきました。アメリカでST装置、PLT装置、Alcator-A装置、イギリスでDITE装置、日本においても1974年にJFT-2という装置が日本原子力研究所（現　量子科学技術研究機構）において開発され15ミリ秒の閉じ込め時間を達成しました。

トカマク型磁場閉じ込めフュージョンエネルギー生成装置の大型化時代

初期のトカマク型装置の実験結果から、装置のプラズマ閉じ込め性能は装置のサイズが大きくなると上昇するということがわかってきました。そこで1980年代になると、より大型の装置の開発研究が多くの国で行われるようになりました。アメリカのプリンストン大学で建設されたTFTR装置、イギリスのカラム研究所に建設されたJET装置、日本の日本原子力研究所 那珂研究所に建設されたJT-60装置（その後JT-60Uにアップグレード）、アメリカのサンディエゴに建設されたDIII-D装置、ドイツのガルヒンにあるマックスプランク研究所に建設されたASDEX装置などです。これらの装置は現在も実験が継続されているものも少なくなく、フュージョンエネルギー研究の基礎的な礎を築きました。

SECTION-32

フュージョンエネルギー生成と臨界プラズマ条件の達成

フュージョンエネルギー生成の実現のためには、フュージョンのために使ったエネルギーよりフュージョンエネルギーが大きくなること、すなわちエネルギー増倍率Q値が少なくても1を越えることが必要です。そのためにはローソン条件から3つの条件が同時に達成されること、すなわち、この3つの値の積であるフュージョン三重積が臨界プラズマ条件を満たすのに必要な値を越えることが必要であると述べました。これらの大型トカマク実験装置により、どこまで目標が達成されたのでしょうか?

日本のJT-60U装置の成果について説明しましょう。

フュージョンエネルギー生成のための条件は燃料を加熱し1億度以上高い温度にすることです。JT-60U装置では中心イオン温度が約5.2億度を達成しています。これは人類が創り出した最高温度として，ギネスブックにも掲載されています。

ローソン条件によれば、温度だけでなく、同時に密度、閉じ込め時間も上昇しなければなりません。単純にフュージョンエネルギーを得るためには温度、密度、閉じ込め時間の積であるフュージョン三重積を大きくすればよいといえます。この値がどの程度達成されたかと述べますと、やはりJT-60U装置による実験では、イオン温度2.3億度、密度$8\times10^{19}m^{-3}$のプラズマにおいて閉じ込め時間約1秒という結果が得られており、フュージョン三重積の値は$8.6\times10^{20}keVsm^{-3}$に達しました。Q値が無限である自己点火条件に必要なフュージョン三重積は$5\times10^{21}keVsm^{-3}$ですので約6分の1の値を達成したことになります。この時Q値は1を越えて1.25という値を達成しています。これはプラズマを加熱するために外から加えたエネルギーより25%大きなフュージョンエネルギーが得られたということです。やはり世界最高記録です。これらの成果が得られたのは1990年代後半です。

世界中に建設された大型トカマク装置から得られたデータをまとめると、これらの大型トカマク実験装置が生成するプラズマのQ値は概ね1であり、フュージョンエネルギーの実現は臨界プラズマ条件を達成する所まで到達したといえます。

実を言いますと、これらの実験は、燃料である重水素、三重水素を装置に充填して実際にフュージョンエネルギーを創り出したわけではありません。水素または重水素を加熱して達成した温度、密度、閉じ込め時間などのデータから、実際に燃料を使用して得られるフュージョンエネルギーを推定した値です。

●ローソン条件と臨界条件の達成

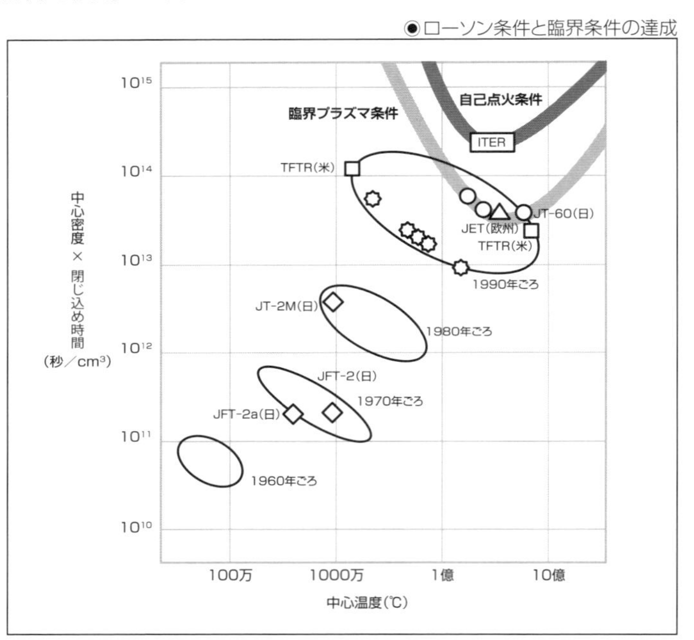

しかし、イギリスのJET装置では、燃料を実際に使用してフュージョンエネルギーを生成する実験が行われています。1997年に行われた実験では16.1MWのフュージョンエネルギーを生成することに成功しています。このときのQ値は0.62であったので、外部から加えたエネルギーに対して生成したフュージョンエネルギーは少し小さい値です。中性粒子ビーム加熱に伴うエネルギー損失が原因と推測されています。

このときの実験では、フュージョンエネルギーが出力される状態を定常的に保つことはできなかったのですが、2022年に行われた実験では約5秒間状態を保つことに成功し0.2ミリグラムの燃料から、69MJのエネルギー(＝1万6000キロカロリー)を生成することに成功しています。これはガソリン約2Lを燃焼して得られるエネルギーに相当します。

SECTION-33

トカマク型装置の閉じ込め時間の予測と大型トカマク型装置の必要性

　これまで大型トカマク型装置を用いた実験により、実際にフュージョンエネルギーが生成されることがわかりました。しかし、これまで達成できたのは加えたエネルギーとほぼ等しいフュージョンエネルギーの生成です。実際に発電装置として運用するとなると、装置として避けられない損失が伴いますので、実際にプラズマに加えられたエネルギーよりも大きなエネルギーが装置を運転するためには必要になります。したがって加えたエネルギーよりも何倍も大きなフュージョンエネルギーが生成されないと実用化できません。そのためには、さらに高性能のトカマク型装置を開発することが必要です。

　トカマク型装置にとってもっとも重要なのは、閉じ込め性能です。装置内に生成された磁場の中に、逃げないように熱や粒子を閉じ込めて置くことができればプラズマの温度や密度は上昇するでしょう。トカマク型装置の閉じ込め性能を表すのが、閉じ込め時間です。高温プラズマ中では多数の荷電粒子が電場と磁場から力を受けるため、その振る舞いは複雑です。そのため高温プラズマの内部で起こる物理現象も、とても複雑であり単純な物理法則を用いて閉じ込め時間を予測することは難しいです。

　そこで大型トカマクを含むさまざまなトカマク装置の実験結果を統合して、閉じ込め時間に関する実験結果を整理しトカマク装置の大きさや磁場の大きさ、形状を示すパラメータとプラズマの物理パラメータから閉じ込め時間を経験的に予測する式が作られました。このような式をスケーリング則と呼びます。スケーリング則を用いれば、どのようなトカマク装置をつくれば、どの程度の閉じ込め性能が得られるのか予測することができます。

　実験的から得られたスケーリング則によりわかってきたことは、閉じ込め時間の大きさはトカマク装置の大きさに対する依存性が強いということです。閉じ込め時間がプラズマの荷電粒子が外に逃げるまでかかる時間であると考えると、熱や粒子が外部に逃げていく速度が同じならば大きなプラズマの方が外部に達するまで時間が必要であることから説明されます。一方、閉じ込め時間は磁場の大きさや密度に対する依存性は小さいことがわかってきました。これは強力な電磁石を用いても、閉じ込め時間は期待するほど向上しないことを示しています。

物理パラメータで依存性が大きいのは電流の大きさです。電流をたくさん流せば閉じ込め時間は大きくなることがわかってきました。電流はトーラス断面が大きいほどたくさん流すことができます。トカマク型装置の性能を向上させるには、プラズマのより大きい装置、すなわち、より大型の装置を建設しなければならないことがわかってきました。スケーリング則より、目標とする閉じ込め性能を得るためには、装置をどの程度の大きさにすればよいかわかりますので、新しいトカマク装置を設計するにあたって基準となる指標をスケーリング則は与えるのです。十分なフュージョンエネルギー生成が可能な次世代のトカマク型装置に必要な装置サイズが明らかになりました。

スケーリング則から、もう1つ重要なことがわかりました。プラズマの加熱パワーを大きくすれば閉じ込め時間は小さくなるということです。加熱パワーを大きくしてプラズマを、どんどん温めればプラズマの温度が上昇しフュージョンエネルギーが得られるのではないかと考えられます。しかし実験的には、加熱に伴い閉じ込め時間が小さくなるため、温度、密度、閉じ込め時間の積であるフュージョン三重積は、単純には大きくならないことを示しています。この加熱パワーを増加させることにより閉じ込め時間が減少してしまう問題を解決することはフュージョンエネルギー実現のために克服すべき課題です。

◉JT-60U装置(提供:量子科学技術研究開発機構)

SECTION-34

閉じこめ改善モードの発見とトカマク型装置の小型化

フュージョンエネルギー生成挑戦の歴史の中でトカマク型装置の閉じ込め性能を改善すること、すなわち閉じ込め時間を大きくすることは、大きなチャンレンジでした。

1982年にドイツのASDEXトカマク装置でのワグナー博士らの実験において発見されたHモードは、優れた閉じ込め改善を実現し、フュージョンエネルギーの歴史においてパラダイムチェンジとなる出来事でした。

ワグナー博士らは中性粒子ビーム入射によりプラズマを加熱するときに、加熱パワーの大きさがある値を超えると、閉じ込め時間が突発的に上昇することを発見したのです。この優れた閉じ込め改善現象が見られると、それまでのプラズマの閉じ込め時間が約2倍に上昇しました。そのため従来のプラズマの閉じ込め性能を低い閉じ込め性能であることを意味するLモード、新しく発見された閉じ込め改善状態を高い閉じ込め性能であることを意味するHモードと名付けられました。

この新しい閉じ込め改善モードはプラズマの周辺領域で起こっている現象であることが確認されました。プラズマの周辺部でプラズマの密度が上昇し急峻な圧力勾配が形成されていることが観測されたからです。急峻な圧力勾配があるということは、狭い領域で急激に圧力が上昇していることを意味します。

炭酸飲料が入ったジュースの缶を思い出してください。缶の蓋を開けるとプシュッと中から炭酸ガスが外に放出される音がします。これは蓋が閉まった状態では缶の中に多くの炭酸ガスがつめられていて内部の圧力が高く、蓋を開けた瞬間缶内部のガスが外に排出され缶の外の圧力と中の圧力が同じになるためです。蓋が閉まっているときは缶の中と外に圧力差があり、缶壁で急激に圧力が変わって圧力差つまり急峻な圧力勾配が形成されています。つまり、急峻な圧力勾配があるところには缶壁のように中に物質を閉じ込める壁があるのです。

Hモードに移行するとプラズマの周辺に、プラズマを閉じ込める壁のようなものが形成されているのです。このような壁を輸送障壁といいます。この輸送障壁はプラズマ内部に生成された電場が引き起こしているのではないかと考えられています。

このASDEX装置によるHモードの発見と同時にELMと呼ばれるバースト現象が発見されました。Hモード時にELMが発生すると急峻な圧力勾配が形成されている領域で周期的に温度や密度が減少し圧力勾配が減少します。これは輸送障壁の閉じ込め性能が劣化したことを示しています。またELMによって発生した大きな熱パルスがブランケット、真空容器やダイバータに深刻なダメージを与えます。したがってHモードにおいてELMは問題であり、ELMを制御し軽減、抑制することは重要な研究課題になっています。

Hモード現象の発見により、新たなHモードプラズマのためのスケーリング則が作られました。残念ながら、各パラメータの指数の値には大きな変化がなく磁場の大きさに対する依存性が小さく加熱パワーの増加に伴って閉じ込め時間が減少する問題も解決されたとは言えません。しかし、同じパラメータを用いて評価される閉じ込め時間の値は約2倍と大きくなり、これは同じ性能を得るために、より小型の装置で大丈夫であることを示しています。この閉じ込め時間の向上は将来のトカマク型装置の開発において、大きな前進となりました。

フュージョンエネルギー研究開発の歴史においてはHモード以外にもさまざまな閉じ込め改善モードが発見され、フュージョンエネルギーの実現において大きな希望となりました。

これまでの実験結果から得られたスケーリング則に基づき、より大きなサイズを有するトカマク装置が必要なことがわかってきました。そこで国際協力により世界最大のサイズであるフュージョンエネルギー生成トカマク型実験装置 ITERの建設プロジェクトが開始されました。ITERでは加えたエネルギーより10倍以上大きなフュージョンエネルギーが得られることがスケーリング則から予測されています。ITERは当初はLモードスケーリング則に基づいて設計されましたが、その後のHモードの研究の進展によりHモードスケーリング則に基づいて設計が変更され、装置の小型化により建設コストを大幅に減少させることができました。

SECTION-35

スケーリング則

大型トカマクを含むさまざまなトカマク装置の実験結果を統合して、閉じ込め時間に関する実験結果を整理しトカマク装置の大きさや磁場の大きさ、形状を示すパラメータとプラズマの物理パラメータから閉じ込め時間を経験的に予測する式が作られました。このような式をスケーリング則と呼びます。スケーリング則は次のようになります。

◉L-modeスケーリング則

$$\tau_E^{\mathrm{ITER89-P}} = 0.048\frac{I^{0.85}R^{1.2}a^{0.3}\kappa^{0.5}(n/10^{20})^{0.1}B^{0.2}A^{0.5}}{P^{0.5}}\ s$$

I ：プラズマ電流［MA］
R：トーラスの大半径［m］
a：トーラスの小半径［m］
κ：楕円度（縦長比）
n：密度［m^{-3}］
B：磁場［T］
A：イオンの原子量
P：加熱パワー［MW］

各パラメータに指数が書かれていますが、この値が0に近づけば、定数に近くなりパラメータが変化しても、閉じ込め時間は変わらないということになります。一方、指数が大きければ、分子に書かれている場合そのパラメータは増加すれば閉じ込め時間も増加するということを意味します。指数が1ならば、そのパラメータに閉じ込め時間は比例することを示しています。また反対に分母に書かれている場合は、そのパラメータが大きくなると閉じ込め時間は減少します。スケーリング則で分子にあり指数が1に近い大きいパラメータは電流とプラズマ大半径の大きさです。大半径はトーラスの対称軸からトーラス断面の中心までの距離です。電流はプラズマの断面が大きくなる、すなわち小半径が大きくなると増加します。分母のPは加熱に使われたパワーを表しています。つまり加熱パワーを大きくすれば分母の$P^{0.5}$のために閉じ込め時間は小さくなるのです。

単純に考えると加熱パワーを大きくしてプラズマを、どんどん温めればプラズマの温度が上昇しフュージョンエネルギーが得られるのではないかと考えられますが実験的には、加熱に伴い閉じ込め時間が小さくなるため、フュージョン三重積は単純には大きくなりません。

●大半径と小半径

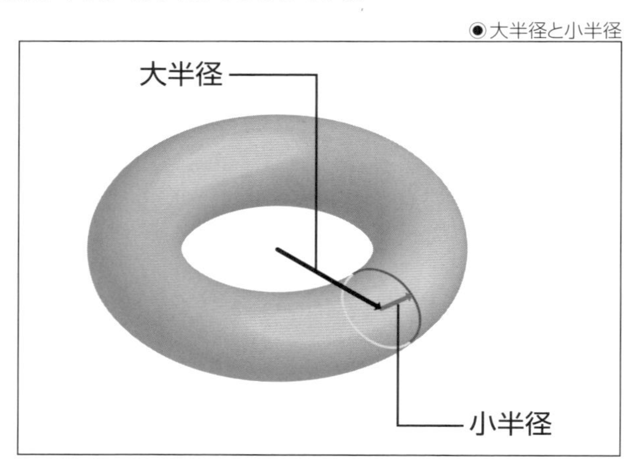

Hモード現象の発見により、新たなHモードプラズマのためのスケーリング則が作られました。

各パラメータの指数の値には大きな変化はありませんが、同じ閉じ込め時間を得るために、より小型の装置で大丈夫であることを示しています。この閉じ込め時間の向上は将来のトカマク型装置の開発において、大きな前進となりました。

●H-mode スケーリング則の式

$$\tau_{\mathrm{E}}^{\mathrm{ITER\ H93-P}} = 0.053\frac{I^{1.06}R^{1.9}a^{-0.11}\kappa^{0.66}(n/10^{20})^{0.17}B^{0.32}A^{0.41}}{P^{0.67}}\ s$$

CHAPTER 4
動き出すITER

SECTION-36

ITER計画及びBA活動

冷戦終結の象徴として始まったITER計画

ITER(イーター)計画は、平和目的のためのフュージョンエネルギーが科学的・技術的に成立することを実証し、将来のフュージョンエネルギーによる発電を見通せる科学的・技術的基盤を築くために、国際協力でフュージョン実験炉を建設する国際プロジェクトです。「ITER」とはラテン語で「道」を意味し、ITERの建設と運転を通じてフュージョンエネルギー実用化への道すじをつけるという願いが込められています。

ITER計画は、1985年にスイス・ジュネーブにおいて開催された米ソ首脳会談において、当時のゴルバチョフ書記長とレーガン大統領がフュージョンエネルギー開発を共同で推進することを話し合ったことがきっかけで進められることとなりました。米ソ両首脳が、東西冷戦終結のシンボル的な事業の1つとしてフュージョンエネルギー開発のための共同プロジェクトの立ち上げを提唱したのです。

この提案には当時よりフュージョンエネルギー開発で世界のトップレベルにあった日本と欧州も参加することとなり、1988年に米国・旧ソ連・日本・欧州の4極(欧州はユーラトム条約に参加する各国を合わせて1極としています)によりドイツ・ガルヒンクの作業サイトにおいてITERの基本的なスペックや構成等について検討を行う概念設計活動が開始されました。

この概念設計活動では、設計活動に加え設計の裏付けとなる研究開発が参加各極により実施されました。概念設計活動は1990年に成功裏に完了し、引き続きITER建設に向け、超伝導コイルなどの主要機器の実規模大試作機の製作などを含む工学設計活動が進められることとなりました。

ITER工学設計活動(EDA)

概念設計活動の成果を踏まえ、ITER建設を判断するために必要な詳細設計の構築と技術の蓄積を目的に、1992年より工学設計活動が開始されました。工学設計活動は概念設計活動から引き続き米露欧日の4極で実施され、共同中央チームを組織して設計活動を行うとともに、設計に必要となるR&Dは参加4極の国内チームが実施する形で進められることとなりました。

共同中央チームの活動拠点となる設計センターは、EUのガルヒンク、米国のサンディエゴ、そして日本の那珂（現在の量子科学技術研究開発機構・那珂研究所、以下、量研那珂研究所と略す）の3カ所に設置され、各設計センターでは4極から派遣された専門家による合同チームが設計活動を行いました。このチームには、日本からも産業界を含む多くの技術者・研究者が参加しています。

設計に必要となるR&Dは各極の国内チームが担当して、その成果が共同中央チームに提供されました。特に、ITERを構成する主要機器のうち、中心ソレノイド、トロイダル磁場コイル、真空容器の一部、ブランケット、ダイバータ、遠隔保守機器などは、7大工学R&Dとして実規模大のモデル製作と性能実証のための試験などが行われました。この際、4極の国内チームそれぞれのR&D活動による貢献が均等となるように配分することにより、R&Dを通じて各極が得ることのできる技術・経験（ノウハウ）が公平となるように工夫がなされています。この仕組みは現在建設段階にあるITER計画にも取り入れられました。

工学設計活動は1992年から6年の計画で開始され、1998年に設計報告書が取りまとめられました。この報告書では、システム全体が整合し、物理的・工学的に実現性のあるITERの設計が初めて示されましたが、建設に必要となる巨額なコストが懸念されました。このため、参加各極は工学設計活動を3年間延長することとし、この延長期間中に建設コストの大幅な削減を目標としてITERの設計を最適化するための活動を継続することとなりました。

延長期間中は、1999年に米国が活動から脱退するなどもありましたが、ガルヒンク、那珂の2カ所で日欧露の研究者が一丸となって設計活動を進めた結果、ITERの基本的な目標を大きく変更することなく、建設コストを約50%に削減したコンパクトなITER設計を実現し、2001年にITER最終設計報告書が取りまとめられました。これは現在のITERの原型となるものです。この報告書の提出を受け、参加各極の政府は建設を判断する上での残された技術課題は無いと評価し、政府間協議を行って具体的なITER建設サイトの決定やスケジュール、費用負担などを交渉する段階へと進むことになりました。

政府間協議と建設サイト交渉

工学設計活動が進展し、ITER建設への機運が高まることに伴い、ITER参加各極は建設に向けた政府間協議を開始しました。また、EDA延長期間に脱退した米国が計画に復帰し、中国と韓国が新たに参加を表明するなど、ITERの機運はますます高まることとなりました。

政府間協議において特に問題となったのは、どこにITERを建設するか？ということです。ITERを誘致してホスト国となれば、参加各極により多額な投資が行われるとともに、それだけ多くのフュージョン炉建設に関する経験を得ることができることになります。それゆえ各極による建設サイト交渉は困難を極めました。

日本では青森県六ヶ所村、茨城県那珂町、北海道苫小牧市の3カ所が名乗りを上げましたが、技術的な適地調査や政策的な判断の結果、最終的に六ヶ所村を日本の候補地として提案することが閣議決定されました。一方で、これまでITERの活動に参加してこなかったカナダはオンタリオ州クラリントン市を候補地として提案し、欧州はフランスのカダラッシュ（サン・ポール・レ・デュランス市）とスペインのバンデヨス市を提案しました。

候補地の交渉と並行して行われた費用分担やホスト極（建設地となる極）の責務などの条件が決まるにつれ、候補地は最終的に青森県六ヶ所村とフランス・カダラッシュの2カ所に絞られ一騎打ちとなりました。これらの候補地は、専門家による共同調査の結果、どちらも技術的には建設地として適しているという判断がなされ、それぞれの候補地を支持する参加極も半々に分かれたため、交渉は長期に渡り膠着状態に陥ります。

サイト交渉を早期に終結させるため、当事者であった日欧両政府は、ITER以外に必要となるフュージョン研究開発をITERの建設地とならなかった極をホストとして日欧同額の資金負担で実施することを合意しました。サイト交渉により勝者と敗者を作ることなく、ITERを誘致できなかった極にもメリットがあるようにしたわけです。

この活動は現在では「幅広いアプローチ（BA）活動」と呼ばれています。これらの交渉の末、2005年6月にモスクワで開催されたITER参加6極（当時）による閣僚級会合において、ITERはフランス・カダラッシュに建設することが合意されました。日本は建設サイトを欧州に譲る結果となりましたが、欧州からの資金を得て幅広いアプローチ活動をホスト極として実施するとともに、初代機構長は日本から出すなど、いわば「準ホスト国」としての地位を確保することとなりました。

ITER協定への署名とITER機構発足

最終設計報告書の提出から約4年かかりましたが、ようやく建設サイトが合意されたことによりITER計画は大きく動き出しました。

2005年には新たにインドがITERに参加することとなり、加盟極は日欧米露中韓印の7極となりました。そして2006年11月21日、パリのエリゼ宮においてITER協定の署名式が行われました。署名後、各締約極は各々の国内法の範囲内でITER協定を暫定的に適用し、契約やスタッフの採用など、実質的なITER機構の活動が開始されることとなりました。また、2007年には各加盟極での国内手続き(批准など)が完了してITER協定が発効し、ITER機構が正式に発足しました。初代機構長には日本の池田要氏が就任し、ITERの建設活動が開始されました。

ITER計画の枠組み

ITERの建設や運転など計画の実施は国際機関であるITER機構が行います。ITER計画は、「建設期」「運転期」「除染期」「廃止期」の4段階に分かれており、建設期においては、各極が納入した機器をITER機構が組立・据付します。

運転期の終了後は5年間の除染期において、三重水素の除去やブランケット、ダイバータ等の炉内構造物の取り外しを行います。最後に廃止期では本体の解体がホストであるEUの責任で行われます。

ITER機構の職員はITER参加7極からの人員で構成され、機構長が最高責任者となります。ITER計画の最高意思決定機関は各極政府代表で構成されるITER理事会であり、ITER計画のスケジュールや進め方、予算の承認などあらゆる決定はITER理事会でなされます。その諮問機関として、ITER計画の運営管理事項に関しては運営諮問委員会、科学技術的事項に関しては科学技術諮問委員会が設置され、ITER理事会へ勧告を行う仕組みとなっています。

参加極の貢献

ITER計画の大きな特徴の1つは、超伝導コイルや真空容器などITERを構成する機器は参加各極がそれぞれ製作・調達して、それをITER機構へ納入(物納貢献)し、ITER機構が参加各極により提供される資金を使って現地で組立・据付を実施するというものです。このように参加各極はITER機構へ物納貢献と資金貢献を行います。

物納貢献の仕組みにより、7極がそれぞれ製作した機器を統合する必要があるためインターフェースが増え、その調整がたいへんとなります。一方で、参加極が資金のみを提供する方法では、主要機器の発注が特定の極のみに偏り不公平が生じる懸念がありますが、物納貢献の仕組みにより、各極は将来のフュージョン炉建設のための機器製作のノウハウを平等に蓄積することが可能となるのです。

物納貢献は参加各極の国内機関を通じて行われます。国内機関はITER機構やメーカーと調整・協力して物納貢献する機器や設備を設計、調達し、ITER機構に納入することになっています。日本では、ITER協定に基づく国内機関として文部科学省より量子科学技術研究開発機構(QST)が指定されています。

参加各極の貢献は、建設期ではホストとなる欧州が45.46%、それ以外の6極が9.09%を負担します。このうち、物納貢献の割合は、ホスト極:非ホスト極で5:1となっています。また、運転期と運転終了後の除染期においては、ホスト極が34%、日米が13%、その他の極が10%を負担します。除染後の廃止期においては、廃止措置のための費用として運転期と同じ割合で参加各極が運転期に基金を積立てることになっています。

ITERの主要諸元と技術目標

ITERは直径が約30m、高さ約30m、重量が約2300トンで、完成すれば世界最大のフュージョン実験炉となります。ITERはトカマク型の実験炉として設計されており、ドーナツ型の真空容器の周りに配置された超伝導コイルによる強力な磁場とプラズマ中を流れる電流が作る磁場によりプラズマを閉じ込めます。

プラズマを安定に閉じ込めるためには外部からエネルギーを注入する必要がありますが、フュージョン反応で得られるエネルギーと外部からの注入エネ

1
2
3
4
動き出すITER
5
6
7

ルギーの比を「エネルギー増倍率(Q値)」といいます。ITERでは、このエネルギー増倍率は10を目標としています。これまでのJT-60やJETなどのフュージョン実験装置で得られたエネルギー増倍率は最大で1を少し超える程度でしたから、ITERでは飛躍的な進歩が得られることとなります。

ITERの目標はフュージョンエネルギー実現の見通しを得るために、重水素、三重水素を用いて持続的なフュージョン反応を実証することです。具体的な技術目標としては、フュージョン反応により500MWのエネルギーを300～500秒安定に発生し、超伝導コイルや加熱装置といった工学機器を統合し、その有効性を実証することとなります。ITERは将来的なフュージョン発電炉に不可欠となる基本的な技術をすべて含んでおり、ITERを安全に信頼性高く運転することができれば、将来のフュージョンエネルギーによる発電が技術的に見通すことができるようになります。

ITERで得られる成果と経験は、フュージョンエネルギーによる発電を実証するための原型炉を設計・建設する上で、必要不可欠なものです。また、将来の人類社会に必要な安全性が高く環境にも優しい新エネルギー源の切り札と考えられているフュージョンエネルギー開発を今までに例を見ない大規模な国際協力で進めることは、地球規模の問題を全人類が協力して解決していくたいへん貴重な経験になるでしょう。

SECTION-37

ITERの主要機器

前述のように、国際メガサイエンスプロジェクトであるITER計画の特徴の1つは、参加各極が部品を製作してITER建設サイトに持ち寄る、物納方式による機器調達が挙げられます。これをITER機構が組立て、据付けて1つのフュージョン実験炉として機能させるのです。

参加7極が製作する機器の多くは人類初の大型、高精度、高性能な機器であり「First of a Kind(FOAK)」機器と呼ばれます。FOAKであるゆえ、その製作には多くの困難がありましたが、多くの技術課題を解決して、多数の機器がITERサイトに搬入されています。ここでは、主に日本が調達を担当するITERの主要機器について説明します。

中心ソレノイド用超伝導導体及びトロイダル磁場コイル

日本はITERトカマクの中心軸を貫く中心ソレノイドの超伝導導体全数と、プラズマ閉じ込めの主要磁場を発生するトロイダル磁場コイルの導体25%分、(その他、韓国と中国で製作した導体を受入れて)トロイダル磁場コイル9機分(予備を含む)の調達を分担しました。トロイダル磁場コイルを支持する構造物については日本が100%の製作を担当し、10機分をヨーロッパに供給しました。

ITER トロイダル磁場コイル用超伝導導体の構造を図に示します。

●ITER TFコイル超伝導導体

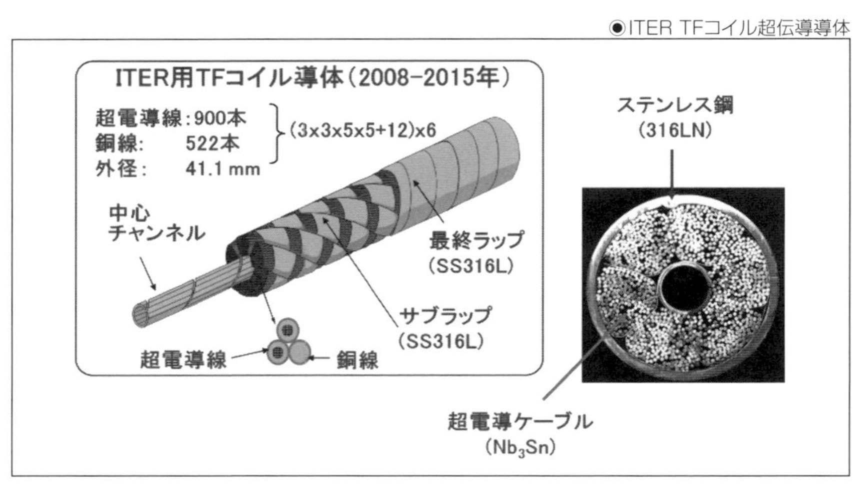

ITERでは強い磁場を得るためにニオブ3・スズ(Nb_3Sn)合金の超伝導線を用い、最大11.8テスラを発生します。そのために68キロアンペアという大電流を流す必要があります。この大電流を流す導体は、まず900本のNbと522本の銅の棒を並べ、これを機械で引っ張って直径0.82mmの素線を作ります。素線を5回撚り合わせて撚線を作り、この撚線にラップと呼ぶステンレスフィルムを巻いてジャケットと呼ぶ直径44mmのステンレス管の中に引き込み、ステンレス管をかしめて撚線を固定して導体とします。多数のステンレス管を溶接でつなぎ、撚線を引き込んで中心ソレノイド用導体を作るため、全長900m、トロイダル磁場コイル用では760mの直線状ジャケットを作り、引き込み作業を行いました。このため、北九州市若松に長さ1kmのITER専用導体工場を建設しました。

CS導体では、室温と超伝導状態となる絶対温度4Kの間で冷凍・昇温を繰返すと超伝導転移する温度が徐々に上がってくる、超伝導特性の劣化が確認されました。この劣化を調べた結果、超伝導線が発生する磁場による電磁力で超伝導線自身がジャケット内で曲がることが原因であるとわかりました。そこで撚線の撚りを2倍にすることによって撚線の機械的剛性を上げ、冷凍・昇温による超伝導特性の劣化を防いで、ITER実機用中心ソレノイド導体全数を製作完了しています。こうやって製作したトロイダル磁場コイル導体を超伝導コイル製造メーカーに持ち込みました。図に示すとおり、ITERのトロイダル磁場コイルは高さ16.5m、幅9mの巨大なD型の形状となっています。

◉TFコイルの主要な製造プロセス

まずトロイダル磁場コイル導体をトロイダル磁場(TF)コイルのD型に合わせて巻線した後、超伝導物質であるNb_3Snを導体内に生成する熱処理を行い、D型の導体をラジアルプレートと呼ばれるステンレス製の鋼板の溝に沿って納めるトランスファー作業を行います。この導体と一体化したラジアルプレート7枚を重ねてTFコイルの超伝導巻線部となるワインディングパック(WP)ができ上がります。

超伝導導体が発生する力は1mあたり80トンに及びます。TFコイル製作のカギは、超伝導導体が発生する強力な電磁力をどうやって支持するかにかかっています。導体が受ける強力な電磁力をラジアルプレートが支持してWPへ伝えます。そしてWPを収納して電磁力を受け止める構造物が全電磁力を受け止めてTFコイルを支持するのです。このためTFコイル構造物は厚さ150mm以上の特殊ステンレス鋼を溶接して作ります。

金属を溶接する際には溶接部をいったん溶かし、冷えて固まる際にくっついて一体の部品となります。この溶けた金属が固まる際に熱収縮するため、溶接変形が起こります。厚さ150mmともなると溶接変形も大きく、精度よく作られたWPを所定の位置に収めることは至難の業となってしまいます。そこで、溶接中にリアルタイムで変形を計測して、ある程度の変形を生じたら、次はそれまでの変形を打消す方向に変形を生じる場所の溶接を行う、という手順を考案しました。このような工夫により、2023年トロイダル磁場コイル構造物全19機分をミリ以下の高精度で製作し、トロイダル磁場コイルとして完成しました。ここまで、ITER機構とトロイダル磁場コイル導体の調達取決めを締結してから実に15年を要しました。図は最終号機がITERサイトに到着した際の写真です。

●ITERサイトに到着にした日本のTFコイル最終号機

プラズマ加熱装置　電子サイクロトロン加熱と中性ビーム加熱

重水素と三重水素の混ざったプラズマを1億度の高温まで加熱しないとエネルギー取出しに十分なフュージョン反応を起こすことはできません。

そこで、プラズマ中に電流を流すことでプラズマ自身が発熱する、ジュール加熱を用います。トカマクの中心にある中心ソレノイドに流す電流を変化させることでプラズマ中に二次電流が誘起され、プラズマ自身の抵抗によって発熱するのです。

しかしながら温度を上げるとプラズマの抵抗値は低くなっていき、事実上約5000万度までしか温度を上げることができません。1億度目指して行う加熱には、2つの方法があります。電子レンジの原理で電磁波によりプラズマを加熱する電子サイクロトロン（EC）波共鳴加熱、そして熱湯に相当するビームをプラズマ（ぬるま湯）に注いで加熱する中性粒子ビーム（NB）加熱です。

EC加熱でプラズマ加熱を担う電磁波は、ジャイロトロンと呼ぶ真空管で発生します。電子を電子銃から高電圧で引出して磁場中でさらに加速すると、磁場に沿ってらせん運動をしながら電磁波の発振部に入ります。すると、電子ビームの回転パワーが電磁波として放射されます。この電磁波を集めてビームにし、トカマクまで伝搬させてプラズマに入射するのがEC加熱です。

ITERでは24本のジャイロトロンから170GHz（ギガヘルツ）という高周波数の電磁波を発生し、合計20MWのEC波でプラズマを加熱します。これは家庭用電子レンジ（出力500W）2000台分に相当します。

日本は8本のジャイロトロンの製作を担当し、図のように、すべての製作を他極に先駆けて完了しました。調整運転を経てITERサイトに輸送しており、2024年内にはITERサイトでの据付・調整を開始します。

◉完成した全8機のITERジャイロトロン

NB加熱は文字通りビームをプラズマに打込んで加熱するもので、ガンダムのビームライフルに似たものになります。NB加熱装置では水素の「負イオン」を大量に作ります。水素は正イオンになりやすい性質を持ちますが、1977年フランスのM.バカールが温度の低いプラズマ中では負イオンが生成しやすいことを発見し、以来日本でも負イオンの研究が活発に行われてきました。

1986年に1アンペア、1990年に10アンペアの負イオンビームを世界に先駆けて生成し、ITER NB加熱装置に必要な負イオン電流を得る見通しが立ちました。次の難題はビームエネルギーでした。ITERのような大きなプラズマの中までビームが届かないと、中心部の加熱ができません。ITERプラズマの中心部を加熱するには百万ボルト（1メガボルト＝1MV）で負イオンを加速し、1メガ電子ボルト（1MeV）の負イオンビームを入射しなければなりません。そのため負イオン源と加速器からなるビーム源の周りでは、100万ボルトの高電圧を真空中で絶縁するという大きな技術課題がありました。

20世紀初頭、原子核物理学の発展に寄与した加速器も高電圧を使いますが、電流がせいぜい0.001アンペアと小さく、真空中で高電圧から見える接地電位の箇所、すなわち放電する可能性のあるパスも限られていました。一方ITER NB加熱の加速器では1m×2mといった大面積の電極からビームを発生して高電圧で加速するため、放電はこの加速器の至るところで起こる可能性があり、絶縁は不可能と言われていました。そこで、真空中で2つの電極間に高電圧をかけて放電実験を行った結果、絶縁距離が短いなど局所的に電界が集中する場所で放電が起こりやすくなることを突き止めました。電界が集中する場所を計算機シミュレーションにより特定し、形状を最適化するなどの電界を緩和する対策を行って、100万ボルトの真空中での絶縁技術を確立して真空中の高電圧絶縁を実現しました。

イオンビームのままではトカマク周囲の強力な磁場によって軌道が偏向され、トカマクプラズマに入射することができません。そこでビーム源で生成した負イオンビームを中性化セルと呼ぶガス圧が少し高い部屋を通します。負イオンはガスと衝突して余計な電子1個を失い、電気的に中性なビームとしてプラズマに入射されます。これがNB加熱の原理です。正イオンはできやすいのですが中性になりにくく、0.5MeV以上のエネルギーに加速されると、もう中性化する割合はゼロになってしまいます。そのため、高エネルギーNB加熱では負イオンが不可欠なのです。

百万ボルトの高電圧を発生する電源を製作できる会社は世界に2社しかなく、その1社である日本企業に電源の製作をお願いしました。図にその全容のイラストとイタリアに建設したITER NB実機試験施設（NBTF）の電源機器の写真を示します。

●イタリアパドヴァに建設したITER NB実機試験施設（NBTF）

残念ながら電源だけで長さ100mもあり、ガンダムでも振り回せそうにありません。NBTFはITERのNB加熱装置と同じものを先行製作し、試験をしてITER NB実機を確実にする目的で建設されました。現在NB加熱装置とNBTF電源の統合試験を行っています。

ダイバータ（プラズマの不純物除去装置）

フュージョン炉はプラズマ中のフュージョン反応を持続するために、プラズマの閉じ込め性能を高く保つように設計されます。しかしながら1億度に達するフュージョンプラズマの一部がプラズマに直接面する第一壁に近づいて第一壁の材料が蒸発、プラズマに混入してプラズマを冷却したり、またフュージョン反応で生じるヘリウムがプラズマ中に蓄積して燃料である重水素と三重水素が希釈し、フュージョン出力を低下させたりします。問題は重水素と三重水素からなるプラズマの閉じ込めはよくしたいが、壁材やヘリウムなどの不純物はプラズマからできるだけ排出したいのです。

そこで考案されたのがダイバータで、プラズマ外周を流れてきた不純物イオンをプラズマ本体から取出し、ダイバータ板に当ててガス化して排気します。ダイバータは日本で発明された装置ですが、今や世界中のフュージョン実験装置に装着されています。

図にITERの断面を示します。ダイバータはプラズマの下側にあり、その一部を引き込んでダイバータ板に当てます。これらの機器は、フュージョン炉で唯一プラズマに直接触れる機器になります。ITERダイバータが受ける熱流束は20MW/m^{2}にも達し、小惑星探査機はやぶさの大気圏再突入カプセルよりも高い熱流束を受けます。このように高い熱負荷を受けても損傷しない材料となると、融点の高いタングステンを使うしかありません。

●ITERダイバータの受ける熱負荷

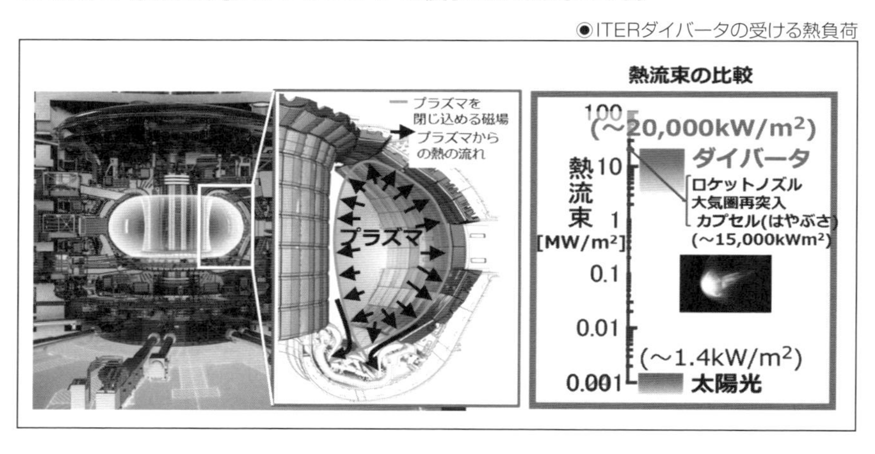

次ページの図にITERダイバータの構造、構成を示します。内側ターゲット、外側ターゲット、ドームの主要3部品から構成されるダイバータはそれぞれ、欧州、日本、ロシアが調達の責任を負っています。プラズマの高熱流束を受止める受熱面は、タングステン製のモノブロックを多数並べ、中央に銅合金製の水冷却配管に通して串刺しにしたものを並べて構成します。日本が担当するITER外側ターゲットでは約20万個に及ぶタングステンモノブロックを並べてダイバータの受熱面を構成しますが、日本の専門企業で製造したタングステンが大半を占めています。また水冷却配管にも日本企業で製作した特殊銅合金配管が使われています。多数のモノブロックで分担して高熱負荷を受止めますが、表面に凸凹があると角部にプラズマが集中して溶かしてしまいます。そこで多数のモノブロックを高精度で組立てる技術・品質保証体制が必

要となり、日本のダイバータ外側ターゲットの組立ては日本企業が高精度組立てを実現しています。

◉ITERダイバータの構成・構造

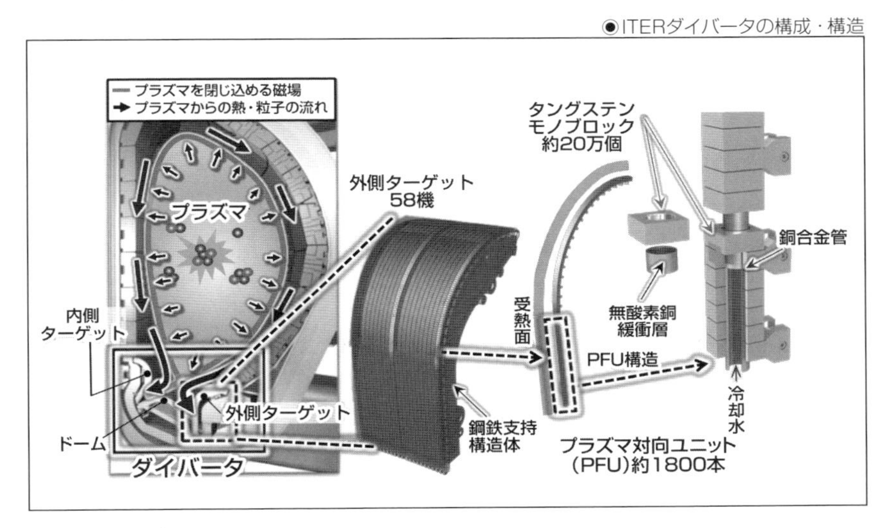

ブランケット遠隔保守機器

ITERでは、運転中にプラズマが第一壁に近づいて壁の一部を損傷した場合には、第一壁やその背面にある遮蔽ブランケットを交換することを想定しています。しかし、いったん実燃料での運転を始めた後のITER炉内は、重水素と三重水素のフュージョン反応の結果生成した中性子により放射化が進み、炉を停止してもガンマ線の線量が高くて人が入って作業することはできません。そこで炉停止中に保守機器を入れ、遠隔制御で第一壁等の交換を行うことが計画されています。

炉停止中に真空容器に設けた開口部(ポート)から炉内に保守装置を展開します。欧州のフュージョン実験装置JETトカマクでは重水素と三重水素の燃料を用いて試験を行った後、ポート1つから1点で支持される片持ちブーム型のロボットを入れて保守を行いました。しかし片持ちブーム型では重い第一壁や遮蔽ブランケットの取扱いが困難です。さらに、ITERでは、建設地で記録された最大規模の地震よりさらに大きな規模の地震にも耐えられるように、トカマク建屋下部に免振パッドが装備されていて、水平方向の振幅は十分抑制されるのですが、垂直方向の加速度を減衰する機構がなく、遠隔保守機器が真空容器内で4トンの遮蔽ブランケットを取扱い中に地震に見舞われた際にも十分な構造健全性を備える必要があります。そこでITERでは、2カ所のポートから支持を取って真空容器内にレールを展開し、レール上を往来するビークルに大型ロボットアームを組み合わせる方式を考案し、開発を行っています。図に日本で開発中のブランケット遠隔保守装置のモックアップ(試作機)を示します。この遠隔保守機器は4トンの遮蔽ブランケットを設置精度1mm以下で取り扱うことを目標に開発を行っています。

●ITERブランケット遠隔保守機器

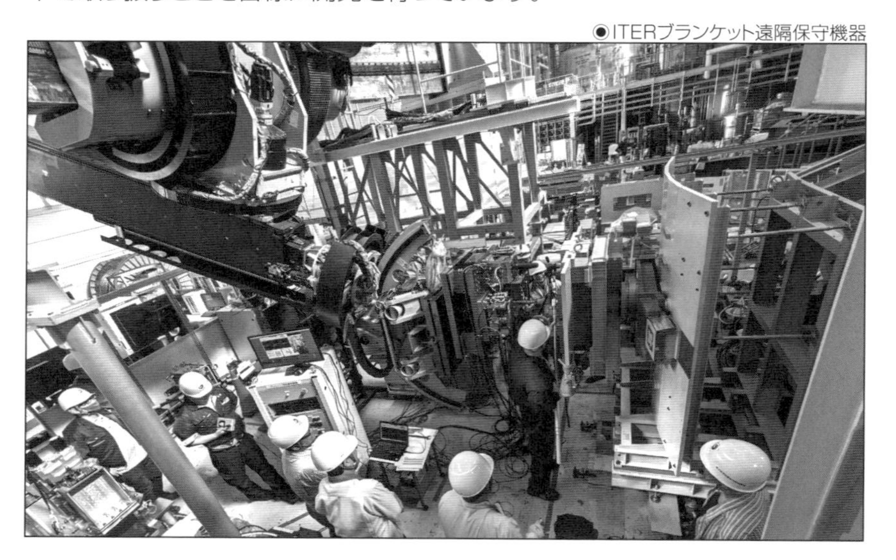

テストブランケットモジュール(TBM)

ITERでは、燃料である三重水素は外部から供給することとしており、本来三重水素を生産すべきブランケットは中性子遮蔽の機能のみを果たします。しかしながら次のステップである原型炉、そして将来の商用炉に向けて、三重水素を生産し燃料の自己充足性を実証する必要があります。そこでITERではテストブランケットモジュール(TBM)と呼ぶ、三重水素生産を行うブランケットの一部を製作し、ポート内部に挿入してITERのフュージョン炉環境に曝して将来のブランケットに求められる中性子遮蔽、熱の取出し(冷却)、そして三重水素生産の性能を試験・評価することになっています。

ITERで日本が製作し試験する日本のテストブランケットモジュールのイラストを図に示します。

◉日本が製作する水冷却セラミック増殖(WCCB)TBM

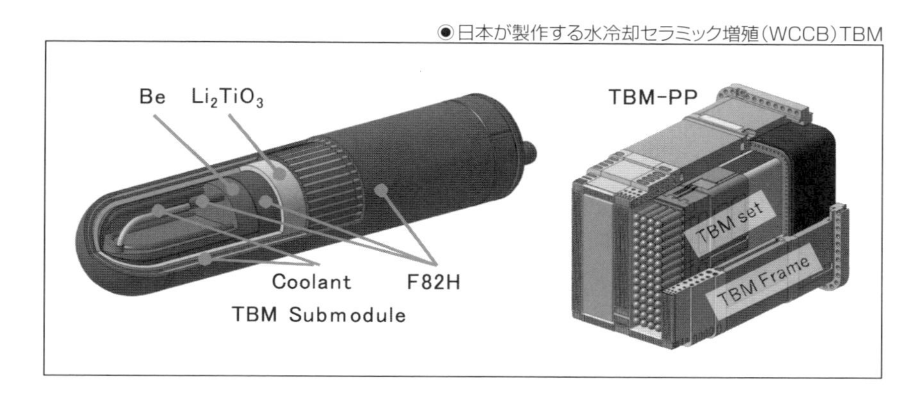

テストブランケットモジュールは複数の砲弾型のTBMサブモジュールで構成されています。その中央にはベリリウム(中性子増倍材)層があり、フュージョン反応で発生した中性子の数を増やし、これを外側に配置した三重水素増殖材であるチタン酸リチウム(Li_2TiO_3、セラミック)のLiに吸収させて${}_3^6Li + {}_0^1n \rightarrow {}_1^3T + {}_2^4He$反応により三重水素を生産します。冷却には軽水炉で多くの実績のある水を用いる設計です。

増殖材と冷却材に何を用いるか?　どんなブランケット設計がよいのか?　多くのフュージョン炉設計検討が本格的に開始された30年以上前から大きな問題であり、多くの議論がなされてきました。その結果、ITERでは4種類のTBMを試験することになっています。その増殖材と冷却材の組み合わせを表に示します。日本と中国がそれぞれテストブランケットモジュール1機を製作し、また欧州がコンセプトの異なる2機(うち1機は韓国との協力で)のテストブランケットモジュールを製作してITERに据え付け、試験を行います。4種類のTBMをITERの放射線環境で照射し、冷却、三重水素生産を行うことで将来の放射線遮蔽、冷却、三重水素生産に最適なブランケット設計を得ようとする試みです。

◉ITERで試験される4種類のTBMの構成

担当極	冷却材	増殖材
日本	水	Li_2TiO_3セラミック
中国	ヘリウム	Li_4SiO_4セラミック
欧州	水	LiPbリチウム鉛
欧州+韓国	ヘリウム	Li_4SiO_4セラミック

計測機器

ITERは、大きな体積、高温、高密度のプラズマを作ってエネルギー増倍率Q >10、400-500MWに及ぶフュージョン出力を得ようという人類初の試みです。このフュージョンプラズマの中で何が起こっているのか、フュージョン反応で発生する中性子、プラズマの温度や密度の分布、プラズマ内部の磁場構造、ダイバータの表面温度、ダイバータ近傍の不純物プラズマの挙動など、フュージョンプラズマを特徴づける多くのパラメータを知る初めての機会となります。そのためITERでは77種類の計測器を用意します。

これらの計測器の多数は、プラズマが発する光、あるいはプラズマ中に入射したレーザー光の特性変化からプラズマを測定します。このためITERには測定する光、あるいはレーザーを通す孔を設ける必要があります。ITERで発生する中性子やガンマ線などの放射線がこの穴を通して外部に漏れ、周囲を放射化して保守ができなくなっては困ります。そのため光の経路をクランク形状、迷路形状にするなどの工夫をして放射線漏洩を防ぎます。しかしフュージョン出力のさらに大きな原型炉、商用炉になるとこれらの工夫を施しても放射線漏洩による放射化を許容レベルに抑えることは困難であり、ITERは光学計測で大きなフュージョンプラズマを詳細に診断する最後のチャンスといわれています。

日本は図に示す5種の計測器を調達します。プラズマからの粒子・熱負荷、これに伴う熱膨張・収縮、放射線環境といった厳しい環境で計測を行うため、まさにFOAK機器として高度の技術を注ぎ込んで開発を行っています。

これらの計測器は真空容器に取り付けられた専用の開口部(ポート)を通して計測を行います。計測器はポート統合機器と呼ぶポートを塞ぐ遮蔽プラグの中に組み込まれています。ポート統合機器は大量のステンレス製放射線遮蔽から構成されるためその重さは10トンに達しますが、計測器は1mm以下の位置精度で据え付けなければいけません。我々は、ポート統合機器に近い重量物の精密据え付けの例として橋梁に着目し、その重量を支える「支承」と呼ばれる可動性の構造に着目し、球形、円柱形の取合い部をポートプラグの角々に配置して据え付け、荷重がかかった際に自動的に最適位置に収まるような機構を工夫しました。実機台のモックアップを製作してその有効性を実証し、下部ポート統合機器の標準設計に採用されました。

◉日本が調達する計測機器

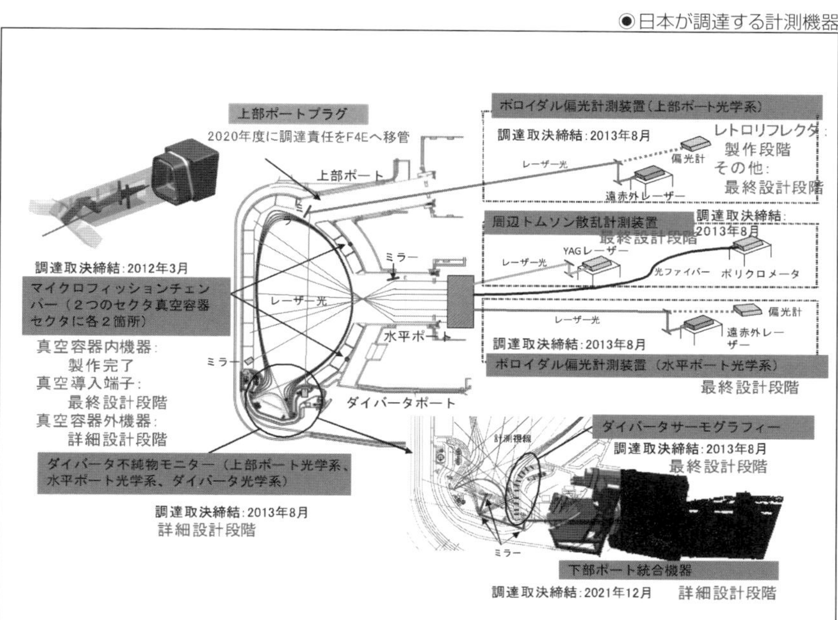

三重水素除去設備

日本はITER施設各所から空気を集め、含まれる漏洩三重水素を回収・除去する三重水素除去設備（ADS）をITER機構と共同で調達します。ADSはITERの安全確保上の重要機器なので、ITER機構と共同で仏原子力規制当局の要求に基づいて試験、設計を行ってきました。ADSの仕組みを図に示します。

◉三重水素除去装置（ADS）の仕組み

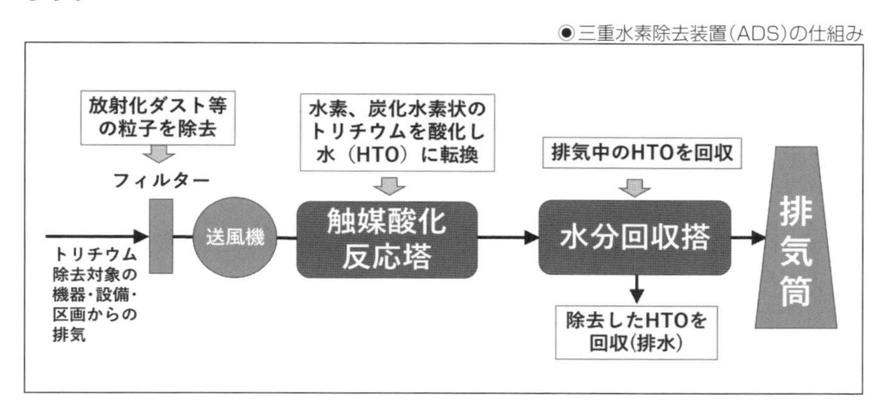

漏洩した三重水素を触媒塔で酸化、三重水素水蒸気を生成し、水分回収塔（スクラバ塔）で水に移行させて回収するものです。通常の化学プラントでよく使われている機器を組み合わせたものですが、例えばスクラバ塔を三重水素回収に用いた例はなく、火災や地震などの異常時にも設備が健全であることを証明することが必要でした。そこでADSの設計妥当性を示す「ADS性能確証試験」を11年にわたってQSTで実施し、2022年9月にその全試験を完了して、いよいよ国際入札を行って製作メーカーを募る段階に来ています。

ITER建設の現状

ITERの建設は2007年より開始され、現在では主な建屋や付帯施設の多くはほぼ完成しています。現在では参加各極が分担する主要機器の多くがITER建設サイトに到着し、2020年7月よりITER本体の組立が開始されました。本体の組立作業は、トカマク建屋に隣接する高さ60mの組立建屋において事前組立が行われます。1つで約440トンもある真空容器セクターと360トンの超伝導コイル2基が巨大なツールを用いて組み立てられ、その後、1500トンもの吊り上げ能力を持つ巨大クレーンを用いてトカマク建屋に据付が行われます。

幅広いアプローチ(BA)活動

幅広いアプローチ(BA)活動はITER計画の支援とフュージョンエネルギーの平和利用の早期実現に向け、日本と欧州原子力共同体(EURATOM)が協力して実施している国際共同プロジェクトです。先に述べたとおり、BA活動はITER誘致をめぐる政府間協議の中で生まれることとなりました。2005年6月にITERの建設サイトがフランス・カダラッシュに決定したことにより、それまで誘致を争った日欧間の合意に基づき、日欧が同額の資金を供出し、日本を拠点としてBA活動が実施されることになりました。これを受け、日本ではITER計画推進検討会における検討の結果、我が国からBA活動として次の3つのプロジェクトを提案することとなりました。

❶ 国際核融合材料照射施設の工学実証・工学設計活動(IFMIF/EVEDA)
❷ 国際核融合エネルギー研究センター(IFERC)
❸ サテライト・トカマク計画(JT-60SA)

BA活動に関する詳細な活動内容や資金分担、実施の枠組み等についての日欧協議の後、2007年2月5日に日欧政府代表によりBA協定の署名が行われ、同6月1日に協定が発効、BA活動が正式にスタートしました。

3事業のうち、IFMIF/EVEDA、IFERCの両事業は青森県六ヶ所村の量研六ケ所研究所、サテライト・トカマク計画事業は茨城県那珂市の量研那珂研究所にて実施されています。青森県六ヶ所村ではBA協定の発効後すぐにサイト整備が開始され、2010年には主要な施設・建屋の多くが完成しました。また、地元青森県、六ヶ所村の協力もあり、欧州研究者の子弟用の国際学校の開設や生活環境の整備も進められ、現在では多くの欧州からの研究者・技術者が来日して国際的なフュージョン研究開発の拠点となっています。

IFMIF/EVEDA事業

ITERなど現在開発が進められているフュージョン炉では重水素と三重水素により14MeVの高速中性子が発生します。プラズマに直接面するブランケットやダイバータを構成する材料はこれらの高速中性子によりダメージを受け、強度が低下したり脆くなるなど、物性や機械的な特性が変化してしまいます。フュージョン発電を実現する上で大きな課題の1つは、この高速中性子による照射に耐えられる材料を開発することです。従来の研究用原子炉などを用いた中性子照射設備では、得られる中性子のエネルギーが低く、この高速中性子による損傷を模擬することができません。このため、加速器により重水素の原子核である重陽子ビームを発生し、これをリチウムに照射することにより重水素-リチウム(d-Li)の核反応を利用して高速中性子を発生する国際核融合材料照射施設(IFMIF)の検討が国際協力の下1990年代より進められてきました。

重陽子ビームを液体リチウム流に入射することで、連続的に高速中性子を発生させることが可能となり、効率よく材料の試験が可能となります。IFMIFで大量の高速中性子を発生するために必要となる40MeV-125mAの大電流の重陽子加速器はこれまで類を見ないものであり、既存の加速器技術では実現できないものでした。このため、BA活動の下、日欧共同でIFMIF工学実証・工学設計活動(IFMIF／EVEDA事業)が2007年に開始されることになりました。青森県六ヶ所村のBAサイトでは、量研が欧州との協力でIFMIF用加速器の原型となる重陽子加速器(Linear IFMIF Prototype Accelerator;LIPAc)の開発を実施しています。

LIPAcは、入射器で重水素イオンを生成して高周波四重極加速器(RFQ)で5MeVまで重陽子を加速し、その後超伝導線形加速器(SRF)で9MeVまで加速します。LIPAcの建設は、加速器を構成する各機器の製作を欧州及び日本の研究機関がそれぞれ担当し、量研六ヶ所研究所において加速器として1つに組み上げるという日欧の協力により進められています。これまで、欧州の研究機関において加速器機器の設計及び製作が行われ、現在六ヶ所研究所において欧州で製作した機器を組立・調整し、ビーム試験が段階的に実施されています。核融合用中性子源の開発に成功すれば、これまでにない高エネルギーの中性子を大量に使うことができるようになりますので、医療用RIの製造や、半導体製造への応用、中性子ラジオグラフィーなど、さまざまな産業分野への応用も期待されています。

IFERC事業

BA活動の一環である国際核融合エネルギー研究センター(IFERC)事業は、ITER計画に貢献し、原型炉の早期実現を目指すことを目的として行われています。同事業では、量研六ヶ所研究所を拠点として(1)原型炉設計・研究開発調整センター、(2)核融合計算シミュレーションセンター(CSC)、及び(3)ITER遠隔実験センター(REC)が推進する3つのサブプロジェクトから構成されています。

原型炉設計R&D調整センターにおいては、日欧の構想する原型炉に対する共通課題に関するR&D活動や、それらを元にした設計活動が実施されています。2007年のBA活動の開始とともに、日欧でワークショップなどにより日欧共通の研究開発項目を検討し、2010年頃から共同設計作業が行われてきました。また、R&D活動では、原型炉を開発する上で最重要課題の1つであるブランケットに関連するR&Dを中心に実施されており、ブランケットの重要な役割である熱エネルギーの取り出しとフュージョン燃料の増殖などについての研究開発が行われています。

核融合計算シミュレーションセンターでは、プラズマのシミュレーション研究や実験データの解析などを行うためのフュージョン研究専用スーパーコンピューターを整備しています。「六ちゃん」との愛称が付けられたスーパーコンピューターは、導入当時世界で12位、国内では「京」に次ぐ2位の計算性能を持ち、このような高性能スパコンを核融合専用として利用できるようになったことにより、将来のITERにおける実験予測、原型炉炉心シミュレーションに必要なコード開発が大きく進展することに貢献しました。現在、これらの研究成果を継続的に進展させるため、六ちゃんの後継となるJFRS-1が導入され、日欧共同でのシミュレーション研究プロジェクトが行われています。

ITER遠隔実験センター(REC)活動は、フランス・カダラッシュにあるITERと六ヶ所村にあるRECを高速ネットワークで接続し、RECからリアルタイムでITERの実験データの収集や解析を行うと共に、実験条件の提案なども行えるようにしようというものです。つまり、日本からフランスのITER制御室と同様な環境を構築し、ITERの実験に参加できることになります。2018年にはITERの近隣にある核融合実験装置WESTを用いた遠隔実験の実証に成功しています。

サテライト・トカマク計画事業(JT-60SA)

サテライト・トカマク計画事業は、量研那珂研究所で1990年代に世界最高のエネルギー増倍率1.25を達成するなど目覚ましい成果を挙げたJT-60

を超伝導トカマク装置JT-60SA(JT-60 Super Advanced)へと改修してITERへの支援研究や原型炉に向けた研究開発を行う計画で、BA活動の下、日欧の協力で進められてきました。

JT-60SAの大きな使命の1つはITERの技術目標達成のための支援研究を行うことです。臨界条件クラスのプラズマを長時間維持する高性能プラズマ実験をITERに先行して実施し、その成果をITERへ反映させることによりITER計画を効率的に進めようという計画です。

JT-60SAの運転開始はITERより数年以上早いため、この間、JT-60SAを用いてディスラプションやELMと呼ばれる現象を回避する運転手法の研究など、ITERでのリスク低減に大きく貢献することが期待されています。また、JT-60SAでは、ITERへの支援と同時に原型炉や将来の商用炉に向け経済性の高い高出力のフュージョン炉の実現を目指し、ITERでは実施が難しい高圧力プラズマの実現と長時間閉じ込めのための試験・研究が行われます。

さらに、JT-60SAの運転や実験を通じてITER計画を始めとするフュージョンエネルギー研究開発で世界を主導できる研究者・技術者を育成することも大きな目的の1つです。JT-60SAの研究計画は、400人を超える国内、及び欧州の研究者により検討がなされ、JT-60SAリサーチプランとして公開されています。このリサーチプランは、ITERの研究計画や日本の原型炉開発ロードマップとも整合させつつ、プラズマ安定性、プラズマ閉じ込め、ダイバータ等の8つの専門領域ごとに将来のフュージョン研究を担う若手研究者を中心に作成されています。

トカマク型超伝導実験装置JT-60SA

JT-60SAは、高さが約7.5m、直径が約12mで装置の総重量は2600トンあり、現在稼働するトカマク型核融合装置としては世界最大の大きさを誇ります。プラズマを閉じ込めるためのコイルは18本のトロイダル磁場コイル、6本の平衡磁場コイル、4本の中心ソレノイドから構成され、すべてが超伝導コイルです。また、高圧力プラズマの制御のため真空容器内には高速位置制御コイル、誤差磁場補正コイル、抵抗性壁モード制御コイル、などのさまざまなプラズマ位置制御のためのコイルを有しています。

プラズマにエネルギーを与えるための加熱装置としては、正／負イオンを用いた中性粒子ビーム加熱装置(NB)により合計34メガワット、また電子サイクロトロン波共鳴加熱装置(ECH)で7メガワットの合計41メガワットの入射パワーを持っています。これらの制御コイルやNBの入射方向を変えたりECHの周波数をコントロールすることにより、加熱分布や運動量の注入分布を変えるなどして高いプラズマ制御性を実現しています。また、真空容器下部にはITERと同様にダイバータが設置され、プラズマから出てくる熱や粒子を受け止めるとともに、燃えかすとなるヘリウムを排気する役割を担っています。ダイバータは遠隔保守による制御を見越し、脱着が可能なカセット方式が採用されており、製作や運用で得られる知見は原型炉に向けた貴重なデータとなります。

JT-60SAの前身となるJT-60は1985年に運転が開始され、世界最高となるエネルギー増倍率1.25を達成するなど数々の記録と重要なプラズマ物理上の発見を生み出し、2008年に運転を終了しました。この間に達成したイオン温度は5.2億度にも達し、人類が生み出した世界最高温度の記録として当時のギネスブックにも掲載されました。その後、2010年から2012年にかけてJT-60は解体され、2013年からは新たなJT-60SAとして機器の組立が開始されました。

JT-60SAは日欧それぞれが製作した機器を量研那珂研究所に持ち寄って1台のトカマク装置として組立てられました。真空容器は日本が担当し、ITERと同様に複数のセクターに分割して製作したものを土台となるクライオスタット・ベースの上に設置し、お互いを溶接して一体化しました。また、プラズマを閉じ込めるためのトロイダル磁場コイルは欧州が担当し、イタリアとフランスで製作した超伝導コイルをベルギーにある試験装置で試験を行い超伝導となることを確認した後に日本に送らました。

これらの機器で重要となったのは製作と設置の精度です。安定で性能のよいプラズマを作る上では超伝導コイルが作る磁場の誤差は1/10000程度とする必要がありますが、このために許される機器設置の誤差は、10mもの大きさの機器に対し、わずか数mm程度です。このため、溶接による変形をあらかじめ予測するとともに、現場での精密な計測を行いながら現場で補正しつつ組み立てることにより、誤差1mm以下での高精度の組立てを実現しています。JT-60SA計画により日本が得ることができたこれらの超大型トカマク装置の組立技術は現在進められているITERの組立や、将来建設されるであろう原型炉・商業用炉にも生かされていくことでしょう。

このように進められたJT-60SA装置の組立は2020年3月に真空容器や超伝導コイル、各種電源、冷凍機システムなどの主要機器の設置が終了し、本体の組立が完了しました。その後、本体の真空引きや超伝導コイルの冷却、各機器を連動させて動作させる試験など、JT-60SA本体と周辺機器が設計通り動作することを確認する統合コミッショニングが進められました。世界初の規模のフュージョン装置であることから、統合コミッショニング中にはさまざまな想定外のトラブルや困難もありましたが、日欧の技術者・研究者が協力してそれらは1つひとつ解決されました。そして、2023年10月、ついにJT-60SAは初プラズマの生成に成功し、本格的な運転が開始されることになりました。

初プラズマではプラズマ維持時間は0.5秒、プラズマ電流は13万アンペアでしたが、初プラズマ生成後のわずか2カ月程度の運転期間で運転手法を最適化することによりさらに高性能なプラズマの生成に成功しており、プラズマ維持時間は10秒、プラズマ電流は120万アンペアまで上昇しています。現在、JT-60SAは今後のより高性能なプラズマを実現するための加熱実験に向けた装置の増力作業が行われており、2026年頃に運転が再開される予定です。

CHAPTER 5
フュージョンエネルギーによる発電

SECTION-39

フュージョンエネルギーによる発電に向けて

発電に向けた日本のフュージョン研究

先進的な技術の実用化においては、ごく小規模な実験室レベルの研究からスタートして、実用的な大規模施設での実証に至るまで、何段階にも渡る研究開発が必要です。このため、フュージョンによる商用発電の実現までには、実験装置における研究段階からITERのような実験炉、経済性を確かめる原型炉の各ステップを経ることになっています。

磁場閉じ込めフュージョンの研究は1950年代に開始しましたが、1969年には旧ソ連のクルチャトフ研究所のトカマク装置T-3で電子温度1000万度を達成しました。フュージョン反応が有意に起こる1億度を達成するまでにはさらに時間が掛かるのですが、当時としては画期的な出来事でした。このような世界的なフュージョン研究開発の進展を背景として、初期的段階に留まっていた日本のフュージョンの基礎研究を新たな観点から検討する動きが起こり、1968年に原子力委員会が指定するプロジェクトとして「第一段階核融合研究開発基本計画」がスタートしました。これにより、日本原子力研究所や大学等におけるフュージョン装置の建設が承認されることとなりました。

原子力委員会が1975年に策定した「第二段階核融合研究開発基本計画」では、段階的フュージョン研究開発のために、大型トカマク装置JT-60の開発及びフュージョン実験炉実現に必要でかつ長期間を要する技術等の研究開発を行うことが記されました。これには欧米諸国でのフュージョン実験装置の大型化と高性能化が背景にあり、JT-60では臨界プラズマ条件(エネルギー入力と同程度のエネルギー出力)の達成、プラズマ温度は数千万度から一億度程度と目標が定められました。また、フュージョン炉を建設するために必要な工学技術の研究開発について詳細な項目が示されました。

JT-60は1985年に初プラズマを達成し、1990～1991年には真空容器を更新して、プラズマ体積を増加、プラズマ電流を増加、重水素運転を開始しました。この装置改造(JT-60Upgrade)でプラズマ性能の指標であるフュージョン三重積(中心イオン密度 × エネルギー閉じ込め時間 × 中心イオン温度)が飛躍的に増加し、中心イオン温度は5.2億度という世界最高値を達成しました。欧州のJETや米国のTFTRとともに世界の三大トカマク装置としてフュージョンエネルギー実現に重要な役割を果たしてきました。

国際協力によるフュージョン研究の進展と第三段階核融合研究開発基本計画

国内のフュージョン研究の進展と並行して、国際協力も活発化してきました。OECD/IEA協力の元でJET、JT-60、TFTR三大トカマク協力協定が1986年に締結され、人員交換によりお互いの装置での実験参加が始まりました。また、次世代トカマク型フュージョン炉の建設を念頭に、1978年からIAEAで国際トカマク炉(INTOR)の概念設計が行われました。

INTOR計画は1988年に終了しましたが、1988年～1991年の日欧米ソの4極による国際熱核融合実験炉(ITER)の概念設計活動に引き継がれました。1992年にはITER工学設計活動が開始され、トロイダル磁場モデルコイル、中心ソレノイドモデルコイル、真空容器セクター、ダイバータカセット、ブランケットモジュール、遠隔保守の研究開発及び試作が4極分担で行われました。

このようなフュージョン分野における世界的な協力体制の強化を背景に、原子力委員会は1992年に「第三段階核融合研究開発基本計画」を策定し、自己点火条件の達成及び長時間燃焼の実現、並びに原型炉の開発に必要な炉工学技術の基礎の形成を目標と定め、その装置としてトカマク型の実験炉の開発が決定されました。ITERによる自己点火条件の達成と長パルス運転の実現を目指す一方で、トカマク以外の装置も含めた研究を推進することやフュージョンの安全性確保のための研究、システムの設計など幅広に分野が設定されました。現在は実験炉レベルの研究による物理課題・工学課題に取り組んでいる状況です。

JT-60SA、ITERから原型炉へ

常伝導コイルを用いたJT-60Uは2008年にシャットダウンしましたが、その後継機として超伝導コイルを用いたJT-60SAが日欧協力の「幅広いアプローチ活動」の下で開発が進められ、2023年10月に運転を開始して初めてプラズマを生成することに成功しました。JT-60SAは高いベータ値(プラズマの圧力を閉じ込め磁場の圧力で割った値)の達成を目標としています。これ

は、高い圧力のプラズマを安定に閉じ込めることができれば、より高密度のフュージョン反応を起こすことができ、装置をコンパクトで経済性が高いものにできるためです。また、ITERでは出力500MWの実燃料(重水素と三重水素)での実験を行い、燃料として用いる三重水素の供給や回収、分離、再利用といった、フュージョンプラントにおける燃料サイクル技術を確立します。

原型炉では、発電によりプラント内の電力を自給した上で、プラント外に電力を供給できるシステムの構築が必要となります。また、実験炉における物理、工学の課題を解決し、実用炉への橋渡しをするという使命を持っています。商用炉では、安全安定かつ高い稼働率を実現し、経済性の高い運転が必須であり、そのためのノウハウは原型炉で取得する必要があります。

SECTION-40

原型炉研究開発ロードマップ

核融合科学技術委員会は2017年の報告書「核融合原型炉開発の推進に向けて」において、フュージョン原型炉の開発に必要な戦略、原型炉に求められる基本概念と技術課題解決のための開発の進め方、原型炉段階への移行に向けた考え方を示しました。また、2017年には、「原型炉開発に向けたアクションプラン」が報告されました。

アクションプランでは、原型炉開発に関連する15の検討課題が示されました。2020年頃から2025年頃までを概念設計、2025年頃から2035年頃までを工学設計と位置付け、各々の課題についての細分化された活動内容と主な実施主体が示されました。

アクションプランの検討課題は、時候を得た進捗確認とフォローアップが必要です。このため、核融合科学技術委員会は2018年に示した「原型炉研究開発ロードマップについて(一次まとめ)」の中で、2035年頃を予定している原型炉建設移行判断のチェックアンドレビュー(C&R)までに、第一回及び第二回中間C&Rを設け、検討課題のマイルストーン達成、そのために予算措置が必須の課題、課題間の関連性に起因する戦略的に重要な課題を示しました。開発課題を日本が独自で行うか国際協力で行うかの観点も示されました。

第一回中間C&Rは2022年に報告書が取りまとめられ、目標は達成されていると判断されました。同時に、第二回中間C&Rに向けた検討項目として、フュージョン発電の実現時期の前倒しの可能性を検討することや、今後のフュージョン研究を担う広範な人材を育成・確保すること、原型炉へ向けた産官学の連携を強化すること、立地や安全の議論を促進することが示されました。

内閣府の策定した国家戦略

カーボンフリーのエネルギー源としてのフュージョンの重要性がさまざまな場で取り上げられるようになりました。2021年10月に閣議決定された第6次エネルギー基本計画等においてフュージョンの研究開発や実証、国際協力の推進が強調された流れを受け、2022年9月に内閣府統合イノベーション戦略推進会議の下に核融合戦略有識者会議が設置され、フュージョンを国家戦略として開発するための課題等についての検討が行われ、2023年4月に「フュージョンエネルギー・イノベーション戦略」として策定されました。

戦略では、次の内容を盛り込んだ意欲的なものになっています。

❶ 核融合研究開発ロードマップが2050年頃と想定している発電実証時期をできるだけ早く明確化し、産業界のフュージョンへの積極的な参入を促進する

❷「フュージョンエネルギー産業協議会」を設立し、異分野技術を有する企業のニーズのマッチングによりフュージョンインダストリーを育成する

❸ 安全規制に関する議論を開始する

❹ イノベーションを創出する新興技術に対する支援を強化する

米国のフュージョン開発戦略と原型炉開発

フュージョン研究を行っている国は多くありますが、ここでは実質的に将来を見据えたフュージョンエネルギーの実現に積極的に取り組んでいる国の戦略を紹介します。

米国は1950年台の黎明期より、世界のフュージョン研究開発を主導してきた国の1つです。TFTRは1997年にシャットダウンしましたが、1990年代からフュージョンスタートアップ企業（SU）が台頭してきました。このような状況を踏まえて、エネルギー省（DOE）のフュージョンエネルギー科学諮問委員会（FESAC）は、2021年の「フュージョンエネルギーとプラズマ科学に関する10年間の国家戦略計画」の中で2040年代までにフュージョンパイロットプラント（発電炉）を建設するための準備を整えると述べています。全米科学アカデミーも2021年に提言を出し、2028年までに実施判断を行い、2035～2040年に発電を目指すと述べています。安全規制については、原子力規制委員会（NRC）を中心に検討が開始されました。世界のSUの多くは米国に拠点があり、早い者では2030年代の実現を謳っていることもあり、SUは自身の技術力不足を補うため官民連携を政府に積極的に働きかけ、政府もそれを促進すべく検討を進めています。

英国のフュージョン開発戦略と原型炉開発

英国はJETでの重水素・三重水素実験をはじめITERプロジェクトの推進に重要な役割を果たしてきましたが、2020年のEU離脱の結果、ITER参加国ではなくなりました。一方で、ジョンソン首相は「グリーン産業革命に向けた

10項目の計画」(2020年)、「英国政府のフュージョン戦略」(2021年)の中で、2040年までにフュージョン原型炉の建設を目指すと明記しています。JETがあるカラムフュージョンエネルギーセンター(CCFE)では、1991年から球状トカマク装置での実験を行っており、得られた知見をもとに球状トカマクによるフュージョンパイロットプラントSTEPの建設が計画されています。

球状トカマクとは、ITERやJT-60SAなどのトカマク装置と比べて大半径と小半径の比が小さく球状に近い形状を持ち、高いプラズマ圧力でも閉じ込め安定性に優れているという特徴があります。建設サイトは英国中東部のウエスト・バートンです。現時点の設計ではプラズマ大半径3.6m、小半径2.0m、プラズマ電流22.8MA、トロイダル磁場3.2T、フュージョン出力1.77GWとなっており、トロイダル及びポロイダル磁場コイルには高温超伝導導体を使用する予定です。STEPは2030年代後半に運転を開始する予定です。

欧州連合のフュージョン開発戦略と原型炉開発

欧州連合では、欧州のフュージョン研究所を統括する研究機関コンソーシアムであるEUROfusionが2018年に策定した「フュージョンエネルギー実現に向けた欧州研究ロードマップ」において、22世紀に世界で1テラワット(100万kW発電所 1000基分)のフュージョン発電所が必要であると指摘しました。2019年の「欧州グリーンディール」政策の下でフュージョン研究開発は推進され、2050年頃に発電を行うフュージョン原型炉(DEMO)を建設すべきと評価しています。欧州の原型炉パラメータは数年ごとに更新されており、現時点の設計ではプラズマ大半径8.5m、小半径3.15m、プラズマ電流19.8MA、トロイダル磁場4.25Tとなっています。日本の原型炉が目指す定常的な運転と異なり、運転/休止を交互に繰り返すパルス運転で正味電気出力は300〜500MWです。従来の低温超伝導のNb_3Snを線材としています。

中国のフュージョン開発戦略と原型炉開発

中国では、合肥市の中国科学院プラズマ物理研究所(ASIPP)、成都市の中核集団核工業西南物理研究院(SWIP)、北京市の精華大学等の研究機関においてフュージョン研究が行われてきました。現在では、国産の超伝導中型トカマクEAST及び常伝導中型トカマクHL-3が運転中です。中国政府のフュージョンエネルギー実現に対する強い支援の下、ASIPPではJT-60SAより少し大きく、実燃料である重水素と三重水素を用いるトカマク装置BESTを建設する予定で、2027年末の初プラズマ、2029年の重水素-三重水素のフュージョン運転を目指しています。

BESTはプラズマ大半径3.6m、小半径1.1m、プラズマ電流7MA、トロイダル磁場6.15T、フュージョン出力は20-200MW、Q=1定常運転を目指した設計となっています。これと並行して、超伝導コイル、真空容器、加熱装置などフュージョン技術の総合的な研究を行う施設CRAFTを建設しています。BESTの後は、ITERより少し大きいフュージョン工学試験炉(CFETR)を建設する計画もあります。CFETRではプラズマ大半径7.2m、小半径2.2m、プラズマ電流14MA、トロイダル磁場6.5T、フュージョン出力2GW、Q>10を目指した設計となっています。また、SWIPでも原型炉を見据えて新サイトを整備中です。

韓国のフュージョン開発戦略と原型炉開発

韓国では、1995年に韓国核融合研究開発基本計画が策定されたことに基づき、大田市に中型超伝導トカマクKSTARの建設を開始し、2008年から運転を行っています。2006年に「核融合エネルギー開発振興法」が制定され、国家核融合委員会を設置するとともに、韓国国内のフュージョン研究開発を指導しています。

国家核融合委員会が2021年に策定した「第4次核融合エネルギー開発振興基本計画(2022-26)」では、2050年代にトカマク型フュージョン電力生産実証炉(K-DEMO)による発電実証を行うという目標を設定するとともに、発電の実証に必要な8つのコア技術群を確保し、安全規制については2024年までにフュージョン規制体系の基本的な方針が策定されます。2023年に設計活動を開始し、現時点ではプラズマ大半径7.0m、小半径2.2m、プラズマ電流13MA、トロイダル磁場7.5T、フュージョン出力1.5GWとなっています。最大電気出力が500MW以上、1以上の三重水素増殖比が性能目標です。

SECTION-41

日本の原型炉概念（JA DEMO）

原型炉では、フュージョンエネルギーの実用化に備えて、①数十万kWを超える定常かつ安定した電気出力、②実用に供し得る稼働率、③燃料の自己充足性を満足する総合的な三重水素増殖を実現することを目標としています。これらの目標を達成するため、もっとも研究開発が進んでいるトカマク方式が炉型に採用されました。装置のサイズはITERよりも大きく、プラズマの主半径は8.5m（ITERは6.2m）です。フュージョン反応で発生するエネルギーは、目標の電気出力を発生させることとダイバータで除熱できることを考えて、ITERの3倍に相当する1500MWです。

また、今ある技術で確実につくることを考えて、フランスに建設中のITERで採用された技術や主要機器（例えば、超伝導コイルやダイバータ、増殖ブランケット）を採用しています。一方で、発電設備はITERにありませんので、原子力発電で十分に実績がある蒸気タービンを用いて発電します。

◉日本のフュージョン原型炉 JA DEMOの炉心本体と主要パラメータ（提供：量子科学技術研究開発機構）

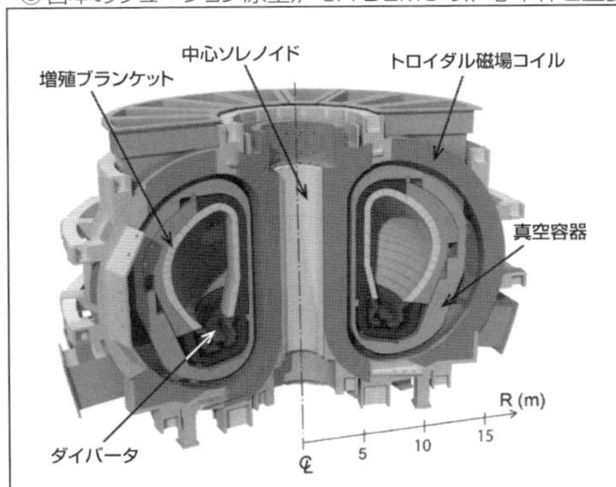

主半径：8.5m
小半径：2.42m
核融合出力：1.5GW
発電端出力：0.64GW

中心トロイダル磁場：6T
プラズマ電流：12.3MA
加熱・電流駆動パワー：< 100MW
規格化ベータ値：3.4
規格化密度：n_e/n_{GW}=1.2
閉じ込め改善度：1.3

冷却水条件：加圧水（15MPa, 300℃）
稼働率：～70%（4セクター並列保守）
運転方式：定常運転
三重水素増殖比：1.05

原型炉開発の国内体制

原型炉の技術基盤を構築するため、日本の産学官の英知を結集して原型炉を設計する原型炉設計合同特別チーム（特別チーム）が2015年6月に量研六ヶ所研究所に設置されました。特別チームの設計活動は、文部科学省の原型炉開発総合戦略タスクフォースの策定したアクションプランに沿って進められています。

特別チームには国内の企業31社、21大学、4研究機関から総勢171名(2023年3月)がメンバーとして所属しています。産業界からは従来の製造・プラントメーカーに加えて総合商社や金融系など幅広い業種からも活動に参加されています。メンバーのほとんどは非常勤のため、頻繁に技術会合を開催して設計の情報共有や合意形成に基づいて概念設計を推進しています。コロナ禍でWeb会議が普通になり、毎年約50回開催し、1年間の参加延べ人数は約1000人になります。また、原型炉は多様な先端技術を結集させる必要があるため、特別チームの技術会合は「原型炉建設」を共通の目標に異業種・異分野の専門家が集う異文化交流の場にもなっています。

◉原型炉設計合同特別チームによる原型炉の概念設計活動(提供:量子科学技術研究開発機構)

原型炉実現に向けた課題

フュージョン炉のような大きな電源にはベースロード電源としての役割が期待されていますので、原型炉では1年程度の長期間にわたって数十万kWの発電を行う必要があるでしょう。そのためには、中性粒子ビームやジャイロトロンなどのプラズマ加熱装置やプラズマの状態をモニターする計測器が1年間故障しないようにする必要があります。ITERでも最長1時間程度の連続運転ですから、装置の信頼性を大幅に向上させる必要があります。また、数十万kWの発電を行うためにITERの3倍のフュージョンエネルギーを発生させるため、熱負荷が集中するダイバータを保護するためにアルゴンなどの希ガス不純物を導入して多くの熱を散逸させることが必要になりますが、このことが燃焼プラズマに悪い影響を与えないようにすることも課題です。

原型炉の燃料である三重水素は自然界にほとんど存在しませんが、原型炉では1年間におよそ80キログラムの三重水素を消費します。これだけの量を原型炉の運転開始時に保有しておくことは現実的ではないでしょう。原型炉では燃焼プラズマを取り囲むように設置した増殖ブランケットの内部でリチウム6(リチウムの同位体)と中性子の反応を利用して三重水素を生産しながら運転します。生産した三重水素は真空容器から排出された未燃焼の燃料と合わせて、混合ガスを氷の状態にして燃焼プラズマへ入射します。このような燃料システムを実証することも原型炉実現に向けた課題の1つです。

フュージョン反応によって発生する高速中性子(14MeV)による材料照射の影響も課題の1つです。原型炉では高速中性子に対して、ある程度の耐性を持つ材料を採用しますが、長期間使用すると材料が膨れたり脆くなったりするなど特性が変化してしまいます。どのくらいの中性子照射量まで機器の健全性を確保できるか、フュージョン中性子源を新たに建設して明らかにすることが必要です。さらに、実用に供しうる稼働率を実証するため、高速中性子に曝されるブランケットやダイバータなどの炉心機器を定期的に交換する遠隔保守技術を開発する必要があります。例えば、炉内には重量100トン、長さ10mのブランケットの集合体が80体ありますが、炉内の放射線環境は運転停止1カ月後でも最大1000Gy/hのため、そのような環境下で動作する遠隔保守機器を開発しなければなりません。また、定期交換した機器はすべて低レベル放射性廃棄物ですが総量は数万トン規模になるので、リユースやリサイクルする技術開発が必要になるでしょう。

●廃棄物管理シナリオと遠隔保守関連施設の概要(提供:量子科学技術研究開発機構)

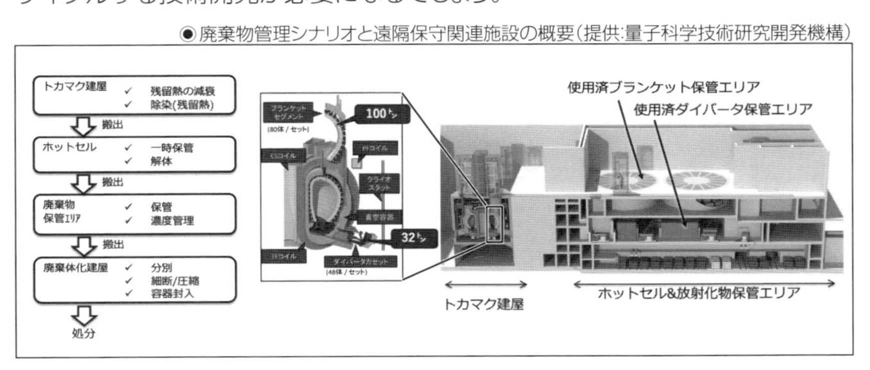

フュージョンプラントの安全性

エネルギーの安全性の考え方は、これまでのさまざまな事故とその対策を積み重ね、単に事故を起こさない技術だけでなく、エネルギーを使うことで起こるさまざまなリスクをいかに少なくし、また社会の中にいかにそれを組み込むか、という観点で議論され、実行されています。どのようなエネルギー技術も、潜在的に人に危害を及ぼす可能性があり、それを的確に予防し、また不測の事態に備えた安全設備を備えること、社会がそれを制度として備えることが必要です。フュージョンについても、まだ発電できるプラントはできていませんが、どのような危険性があるかは評価できていて、そのための安全対策は研究され、十分な安全性が確保できることがわかっています。フュージョンエネルギーが人類の実際に使えるエネルギーになるためには、それが実際に安全であるだけでなく、そのことが十分に社会によって理解され、開発が支持される必要があります。プラントの保有する物質やエネルギーが潜在的に持っていて起こすかもしれない被害をハザードといいます。その被害が実際に起こる確率(例えば何百年に1回、など)をかけたものを「リスク」といいますが、これを社会的に許容できるまで小さくすることが安全対策です。フュージョンプラントは、この「理由の如何を問わず、破壊したり機能を喪失したと仮定したときに起こりうる被害の程度=ハザード」が小さいために、そのために必要な予防策や安全対策は、相対的に立てやすいのが特徴です。しかし対策を立てなくても安全、というわけではありません。

CHAPTER 1で述べていますが、フュージョンの反応自体は起こすことが難しいため、暴走といわれるような、反応が過度に進み、止められないような事故は本質的には起きません。また、プラントの中に蓄えられたエネルギーは反応の数秒分ですので、制御の失敗や故障などで機器が損傷することはありえますが、何年分ものエネルギーをまとめて発生して建屋やプラントの大きな部分を破壊するような事態にはなりません。保有する熱量も大きくないので、冷却機能が損なわれても、大規模な損壊は起きません。

しかし、プラント自体には放射性物質である三重水素が相当量循環していて、普段は多重に閉じ込められています。フュージョンプラントの持つ一番大きなハザードは、この三重水素の環境への意図しない漏洩や排出です。装置の異常事象や天災、テロリズムなどによって、この閉じ込め機能が破られると三重水素が環境に出る可能性があり、これが想定される一番大きなリスクになるでしょう。フュージョンプラントの安全設計は、この漏洩が起こらないように何重にも三重水素を閉じ込め、また三重水素自体は常に可能な限り回収するように設計されます。小さな漏洩はもちろん回収され、より少ない確率で仮想的に起こりえないような損傷により大部分の三重水素が放出されても、その放射線による影響は、避難を必要とするほど大きくはありませんし、実際の健康被害を生ずることもありません。

だからといって、フュージョンプラントがまったく安全で、何の心配もないとも言い切れません。プラントは、三重水素の放出を抑制し、周辺や公衆に、通常時も、異常時も、影響がないように設計し、作られ、運転されますが、三重水素の放出量はゼロにはなりません。それに何らかの理由で失敗した場合は、想定したよりも多くの三重水素が環境に放出されることがあり得ます。そこで今度は、プラントから放出された放射性物質が、どのような経路をどのようにたどって人や環境や社会に影響を及ぼしうるか、その経路を定量的に分析することになります。

三重水素はもともと自然に存在しているので、フュージョンプラントが建設、運転され、さまざまな運転の状況で、人々の生活する環境で、相対的に大幅に増えないかどうかが問題になります。現在、私たちが生活する環境では、水であれば1リットルあたり大体1ベクレルくらいの三重水素が存在しています。私たちの体内や、飲み水、食べ物などにもです。これが大体数万倍くらい増えると、健康に影響する可能性が出てきます。これは前述のように、仮想的にあり得ないような状況でフュージョンプラントから放出されても、そのような濃度にならないように絶対量を制限することができます。しかし、これよりはるかに少ない濃度上昇でも、十分簡単に検出することができます。このような濃度は、健康影響が起こるかもしれない、という下限よりさらに1/100なのですが、風評被害や不安が発生し、実際に社会的経済的な被害が起こりえます。現在福島の東京電力福島第一原子力発電所で海洋に排出されている三重水素水は、そこまで考慮して、生活に関係するところでの三重水素濃度が上がらないことまでを目標として、日常的に濃度と放出量が管理されています。フュージョンプラントの安全性は、このような高いレベルで確保されることになるでしょうし、また、環境のモニタリング、社会への説明と理解も含めて、安全だけでなく安心と信頼を得られて初めて建設されるものになるでしょう。

廃棄物の問題も、安全性に関連して考える必要があります。放出する三重水素などの放射性物質の問題は、影響経路という観点では、気体や液体の排出物の挙動から分析されます。これに対して固体の廃棄物は、プラントから出されたあと、どのような施設でさらに処理、処分されるのか、どのような量と性状、期間の管理が必要か、を考えることになります。フュージョンでは、百万年レベルの長寿命を持つ放射性核種や、例えば何百mの地下など地質学的なレベルで、人類からの隔離が必要な廃棄物は発生しないことがわかっています。

フュージョンプラントでは、まず反応で中性子が発生し、これが物質に当たることでさまざまな元素が放射化し、放射線を発生するようになります。プラズマの周囲に置かれる機器の材料を、放射化しにくい、あるいは放射化してもその寿命が短い物質を選ぶことで、管理しなければならない使用済みの材料の放射線量やその期間をある程度制御することが可能です。しかし、総合的に装置の性能や寿命を考えたとき、数十～数百年程度の期間、人々の生活から隔離しなければならない固体の放射性物質が数千～数万トンのレベルで発生することは避けることが困難です。これらは、管理や輸送や廃棄の問題を考えれば、総合的にはプラントの一部で管理されることになるでしょう。プラントはいったん設置すれば何世代かの炉を建て替えながら運転することになると考えられるので、そのほうが合理的であり、そうすることで固体廃棄物に関する問題のほとんどは軽減することができます。エネルギーは、運転するときだけではなく、その準備から最終的な後始末まで、総合的にライフサイクルでの影響を考える必要があるのです。

このような高いレベルでの安全確保は、将来のエネルギー源については、フュージョンプラントについてもそうですが、原子力、火力、あるいは水力や太陽光、風力などさまざまなエネルギー技術についても同様に求められることになるでしょう。健康や環境、社会への影響は、実際に人が亡くなったり病気になったりするリスクで測られるほか、経済的な被害や、人々が受け入れない、という拒否反応でも測定することができ、また対処されることになります。放射性物質や二酸化炭素、有害物資による影響だけではなく、景観や騒音、生態系への影響や、長期的な気候変動、人々の生活や産業への影響などさまざまな面で、安全の問題は検討されます。フュージョンについても、実際の建設や運転に至るはるか以前である現在も、開発方針や戦略、規制や規則などの観点で検討が進められています。

CHAPTER 6
産業に羽ばたく フュージョンエネルギー

SECTION-42
フュージョンインダストリーという新たな産業

産業へと脱却するフュージョンエネルギー

2020年5月30日。宇宙飛行士2名を乗せたスペースX社のクルー・ドラゴン宇宙船が轟音とともに吸い上げられるように青空に打ち上げられたとき、宇宙開発の既成概念は音を立てて崩れました。それは、歴史上初めて民間企業が、国際宇宙ステーションへの有人宇宙飛行を成し遂げた瞬間でした。このときから、宇宙というフロンティアの探索は国家から、民間の挑戦的なスタートアップに主導権が渡ったと言っても過言ではありません。

そして今まさに、フュージョンエネルギーの分野でも同様のパラダイムシフトが起きようとしています。フュージョンエネルギーという人類の夢の実現の担い手として、民間企業の役割が拡大しているのです。

現在、全世界でフュージョンエネルギーを目指すスタートアップの数は約50社を数え、その累計投資額は1兆円に迫る勢いです。そして本書が出版され、また読者のみなさんが手に取られる頃には、こうした数字もまた更新され、時代遅れとなっていることでしょう。

●フュージョンエネルギーに取り組むスタートアップの数

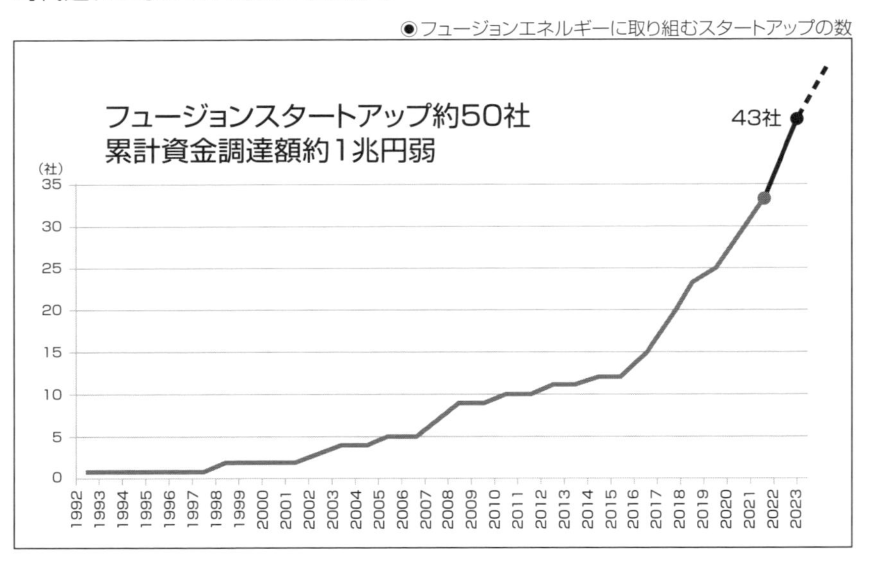

フュージョンエネルギー産業協議会の発足

このように、研究だけでなく、産業としてもフュージョンエネルギーが興隆しつつあることをもっとも端的に現すのが、2024年3月の「フュージョンエネルギー産業協議会(Japan Fusion Energy Council、通称：J-Fusion)」の発足です。

この産業協議会は、日本からフュージョンエネルギーを産業として立ち上げ、世界に向けて発信するために、産業界、政府、学界の関係者が一丸となって設立した連携組織です。本協議会は、業界内外の企業、大学、研究所、公的機関、国の組織など50を超える組織が設立から参画し、産官学の知恵と人材、知識と経験を集めて新たな産業を興し、未踏のサプライチェーンを構成することで、人類の未来に貢献することを目指しています。本章では、そんな産業としてのフュージョンインダストリーを見ていきましょう。

SECTION-43

スタートアップが掲げる驚きの目標

発電まであと10年以内?

このフュージョンインダストリーの先頭を走っているのが、世界のスタートアップの数々です。スタートアップというのは、イノベーションによって社会を変革し、新たな市場を切り拓くことを目指す企業を指します。

フュージョンエネルギーの世界にスタートアップが衝撃を与えたのは、何よりその発電目標の近さでした。2023年、米国のHelion Energy社がMicrosoft社に対し、フュージョン発電で得られた電力を2028年から供給する契約を結んだと発表されたとき、科学者たちはいろいろな意味で電気が走ったような衝撃を受けました。

そしてHelion Energy社に限らず、世界のスタートアップは政府の計画と比較してとても早い発電目標を掲げているのです。

●政府とスタートアップによるフュージョン発電目標

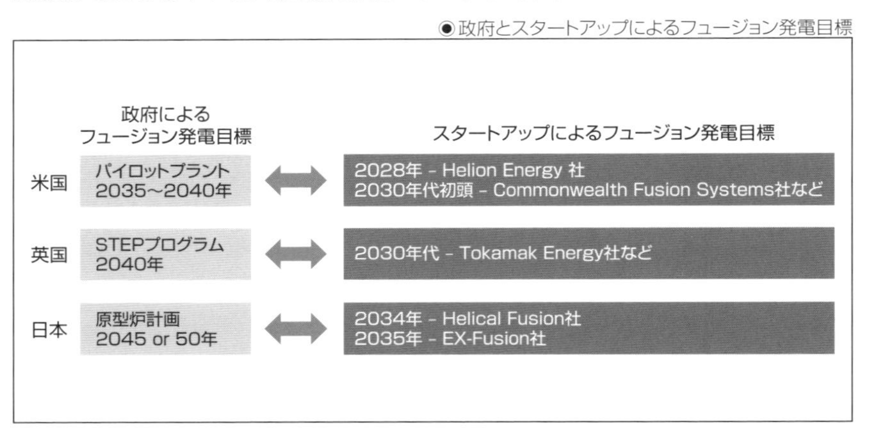

なぜ意欲的な目標を掲げるのか?

公的なプログラムが2040年から2050年にかけての初送電を見込む目標を立てている中、彼らはなぜこんなにも意欲的な目標を掲げているのでしょうか? その理由には、3つのポイントが考えられます。

1つ目の理由は、「投資家からの資金調達や優秀な人材の獲得」です。ベンチャーキャピタルなどからの資金を集める場合、通常、投資の期間には最大で10年ほどの制限があることが多いものです。もちろん、時間の制約がない投資も存在しますが、このような時間の枠組みを念頭に置くと、10年後に実現を目指すという目標を掲げることは、資金調達を成功させる上で非常に意味のあることだと言えるでしょう。

2つ目の理由は、「気候変動への対応への緊急性」にあります。フュージョンエネルギーは、温室効果ガスを排出しないクリーンなエネルギー源として大きな期待を集めています。しかし、フュージョンの実現がもし2050年まで遅れると、それまでに莫大な予算を投じる意義に疑問を呈する声が高まることは避けられません。そのため、スタートアップ企業は、フュージョンエネルギーが気候変動に対処し、社会に有意義な影響を与えるためには、2030年代の実現が必要であると考え、そのような短期間での目標を設定しているのです。

3つ目は、「自社の革新的な取り組みによる技術的自信と楽観」があります。スタートアップは、公的プログラムでは取り組まれていないような革新的な閉じ込め方式、革新的な要素技術の開発とその社会実装に取り組んでいます。フュージョン発電の早期実現、商業化に向けた小型化や技術の進展によるコスト低下を実現する技術を持っていることに対する自信から、意欲的な目標を設定しているといえます。

こうしたスタートアップが挑戦する革新的な取り組みについては、後半で紹介します。

SECTION-44

躍進する世界のフュージョンスタートアップ

公的資金でない投資という新しい資金

フュージョンエネルギー開発への民間投資は、近年爆発的に増加しています。世界中のフュージョンスタートアップへの投資総額は、先に述べた通り2024年時点でなんと1兆円に達する勢いです。このような急激な投資の増加の背後には、スタートアップによる産業としてのフュージョンの加速と、ネットゼロ社会を実現するための「ゲームチェンジャー」としての可能性への大きな期待があります。

海外におけるフュージョンスタートアップへの資金流入（統計）

フュージョンスタートアップへの資金流入は、特に海外において目覚ましいものがあります。フュージョンスタートアップの資金調達額は上位3位までを米国の企業が占めていますが、中でももっとも資金調達額の多いCommonwealth Fusion Systems社は、2500億円以上の資金をたった1社で集めています。

そうした状況の中で、2021年には米国で初めて民間からの投資が政府予算を上回る歴史的な出来事がありました。この図は、米国における2012年から2021年までのフュージョン研究開発費を示しています。2本並んだ積み上げ棒グラフのうち左側の棒グラフは米国の政府からの予算、右側の棒グラフは民間投資額を表しています。図から明らかなように、政府予算は微増の一方で、民間投資（右側の棒グラフ）は2021年に顕著に増加し、その年だけで約3000億円に達し、政府の予算を大きく上回る状況になっています。

これにより、米国内ではITERのような主力プロジェクトに限らず小型化や高度化など革新的な研究開発への資金提供の道が拓け、フュージョン産業に新たな活力をもたらしています。

◉米国における核融合研究開発費

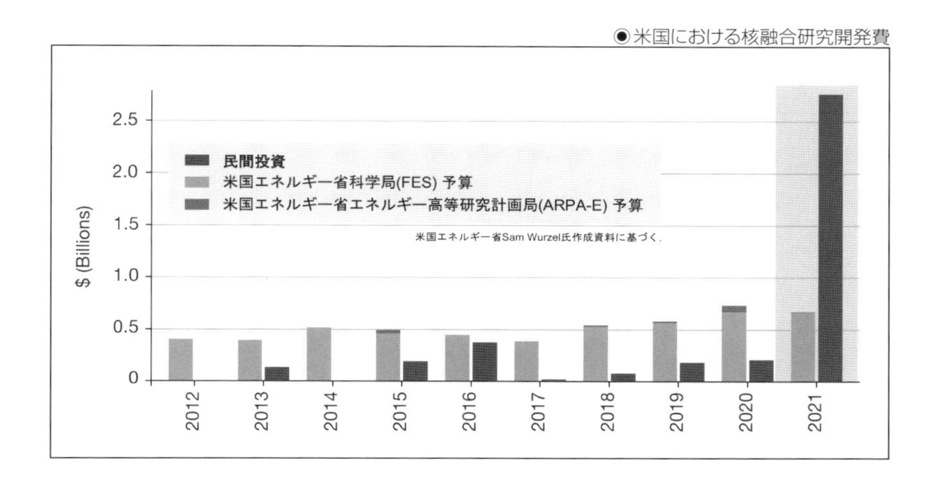

民間によるフュージョン装置計画の台頭

民間資金による活力はすでにフュージョン装置の計画数という形で現れています。図の円グラフは、現在世界で稼働中のフュージョン装置の数を示しています。この中で、現在稼働中のフュージョン装置の10%が民間企業によって設置されており、残りの90%は公的予算が割り当てられたプログラムによって設置されています。一方で図(2)では、現在建設中のフュージョン装置に目を向けると、30%ものフュージョン装置が民間企業・民間資金によって建設されています。さらに、図(3)現在計画中のフュージョン装置は、60%までもが民間企業・民間資金によるものです。この10%、30%、60%という数字は、民間企業・民間資金による活力がフュージョン業界にどれだけ注入されているかということを示しています。

◉フュージョン装置の計画数

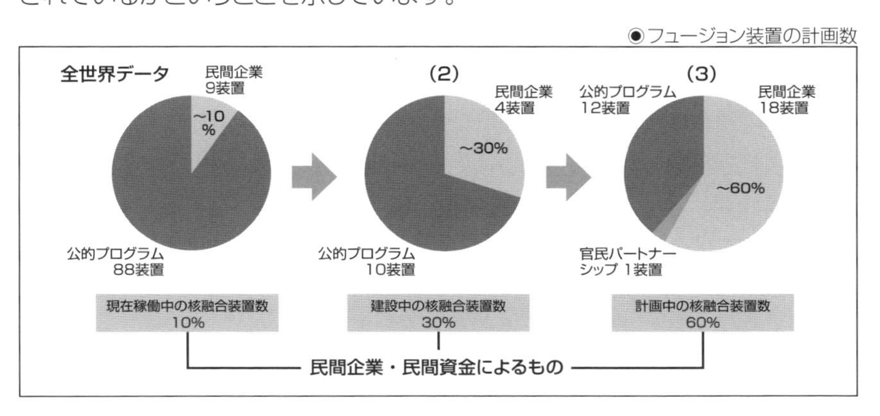

SECTION-45

負けていない日本の産業界

日本のフュージョンスタートアップ動向

日本でもまた、フュージョンスタートアップが複数誕生しています。2019年に創業した京都フュージョニアリングはフュージョンに欠かせないフュージョン関連先端技術の開発に特化した国内唯一の企業です。一方で2021年に創業したEX-Fusion は、レーザー型フュージョン炉の制御システムの構築を掲げており、2035年の発電目標を発表しています。

同じく2021年に創業したHelical Fusionは、ヘリカル型フュージョン炉開発や、液体金属ブランケット、高温超伝導マグネットなどの要素技術の開発を推進しており、2034年を発電目標としています。2022年に創業したBlue Laser Fusionは、高輝度青色発行ダイオードの発明でノーベル物理学賞を受賞したカリフォルニア大学サンタバーバラ校教授の中村修二氏をCEOとして、中性子を発生しない軽水素・ホウ素によるレーザーフュージョン方式の商用化を目指しています。2024年に創業したLINEAイノベーションは、逆転磁場配位(FRC)型によりフュージョン反応を発生させビームイオンの閉じ込めをタンデムミラー型が担うことで、安全でメンテンナンスが容易な炉の開発を目指しています。

こうしたスタートアップの各社は高い技術力を活かし、欧米と比較すると客観的に少ない資金力を補って世界の舞台で戦っています。

大企業もスタートアップとの連携を強化

世界で戦っているのはスタートアップに限りません。日本の大企業もまた、スタートアップとの連携を強化しています。特に住友商事は2022年にTAE Technologies社に、2023年にTokamak Energy社に続けて出資するなど、積極的な協業を発表しています。同様の動きは、超伝導線材のメーカーである古河電工によるTokamak Energyへの出資にも見られます。

こうした大企業は、産業としてのフュージョンエネルギーのサプライチェーンへの関与を深めるとともに、スピンオフとしてのさまざまな社会実装を目指すチャンスとしてスタートアップとの協業を深めています。

スタートアップが取り組む革新技術

革新的な閉じ込め方式

フュージョンスタートアップ企業が意欲的な目標を掲げる理由として、自らが提案する革新的な方式に自信を持っていることが挙げられます。

フュージョン炉の設計にはさまざまな方法がありますが、もっとも重要なことはフュージョン反応を起こす高温のプラズマを閉じ込めることです。この閉じ込め方式については、本書でこれまで解説したようにトカマク型、ヘリカル型、そしてレーザー方式の3つが現在では代表的な方式とされてきました。しかし、トカマク型、ヘリカル型、そしてレーザー方式の3つの代表的な閉じ込め方式以外にも、理論的には多くの閉じ込め方式が提案されてきました。ここでは、3つの代表的な方式以外の閉じ込め方式をまとめて「革新的な閉じ込め方式」と呼ぶことにしましょう。

この図は、世界のフュージョン炉の閉じ込め方式別に公的プログラムと民間企業の装置数の比較を示しています。公的プログラムとして取り組まれている革新的な閉じ込め方式の装置は全体の2割に過ぎません。一方、スタートアップは開発が進められている装置の約5割が革新的な閉じ込め方式に基づいています。

◉公的プログラムと民間企業の装置数の比較

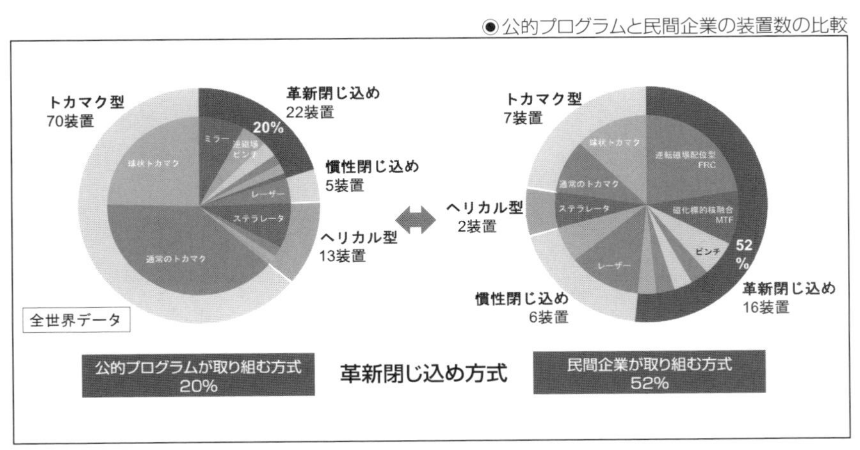

革新的な閉じ込め方式の事例

実際のスタートアップの事例をご紹介しましょう。

米国のTAE Technologies社は、逆転磁場配位型と呼ばれる閉じ込め方式を開発しています。彼らの方式は大砲を向かい合わせに2つに結合したような炉型をしており、この両端の"大砲"の中で逆転磁場配位型と呼ばれるプラズマを作って、両端から勢いよく打ち出し、中心部で合体を起こします。他の方式とは異なり、生成されたプラズマをさらに加熱することでフュージョン反応を引き起こすという独自の手法です。

英国のTokamak Energy社は、トカマク型の発展形である球状トカマク装置を開発しています。トカマク型の形状は、よくドーナッツ型と表現されますが、球状トカマクは、ドーナッツをぎゅっと絞った、芯を抜いたりんごのような形をしています。球状トカマクも通常のトカマクと同様にドーナツ型のプラズマを磁場で閉じ込める原理は一緒です。球状トカマクは、通常のトカマクのようなドーナツ型の中央の穴をできるだけ小さくすることで、プラズマの形を球状に近づけ、炉本体をコンパクトにすることができます。これによりコンパクトで経済性の高い装置を開発し、迅速な商業化を目指しています。

最後にカナダのジェネラル・フュージョン社の磁化標的フュージョンは、上から磁化したプラズマを液体金属の渦の中に下ろした後、全方位からピストンで液体金属を物理的に圧縮することによってフュージョン反応を起こします。

こうした革新的な方式によって、小型化による低コスト化、もしくは従来閉じ込め方式の課題解決を狙うことがスタートアップの1つの方向性になっています。

SECTION-47

革新閉じ込めの実現性

革新閉じ込め方式の性能の進捗

こうした革新閉じ込めにはどれくらいの進捗があるのでしょうか?

フュージョン炉の性能は、イオン密度、閉じ込め時間、イオン温度の3つの積(三重積)から評価を行うことが一般的であることは本書でも述べました。そこで、各閉じ込め方式の性能の進捗を実験の推移とともに1950年代から時系列に見ていきましょう。ここで縦軸が3重積、横軸が実験の行われた年を現しています。1960年代、70年代、80年代と時代が進むにつれてプロットが右上に移っています。そうした中で、1990年代後半にはQ=1に近い値を示す閉じ込め方式が現れています。(Q値の算出手法によっては、Q > 1を達成する装置が1990年後半に出ています。)また、将来に目を向けると、CFS社によって開発されているSPARCやITER など実用化に向けた実験炉が、2030 年~2040 年の間にQ=1を大きく超える見込みです。これが、フュージョン炉研究開発の進展の歴史です。

次に、閉じ込め方式別に三重積の推移を見てみましょう。1960年~2000年までの開発に着目すると●で示すトカマク型が先頭を走り、性能が向上しています。

◉各閉じ込め方式の性能の進捗(時系列)

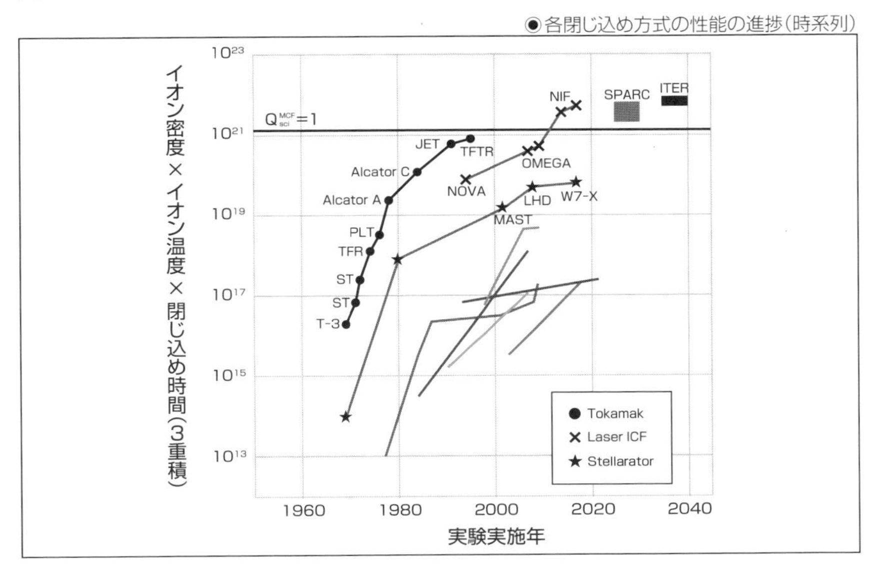

この性能向上が2000年に入る手前で、いったん止まって見えるのは、ここから各国がITER という国際協調プログラムに注力するという方向を選択したからです。その一方で、図中×で示す慣性閉じ込め方式の1つであるレーザー方式は、Q値を見れば、トカマクを抜いています。その下に位置するのが★で示すヘリカル型です。

つまり、Q値だけ見れば、レーザー方式とトカマク型が競り合い、それをヘリカル型が追うような競争がある中で、革新的な閉じ込め方式は、ここで挙げたトカマク型やレーザー方式に比べると、まだ性能の向上を目指している段階にあるように見えます。事実、世界の民間企業が発表している発電炉の計画は5つありますが、このうち革新的な閉じ込め方式を採用しているのは1つに過ぎません。

SECTION-48

自由な発想で社会に早くフュージョンを届ける

要素技術のイノベーション

スタートアップ各社は、イノベーションによってこの差を一足飛びに覆すことができると考えています。

具体的な例を挙げると、まず、炭化ケイ素のようなセラミック、高性能レーザー、合金などの先進材料や高温超伝導材料を活用し、今まで公的プログラムでは見られなかったような大幅な小型化や高度化を計画することがあります。次に、デジタルツインによるシミュレーションや、AI・機械学習による予測を活用し、高効率な設計や実験を目指しています。さらに、3Dプリンティングや金属プリンティングなどの先進製造技術を応用し、低コスト化や短納期化を進めています。また、可能な限り工業用部品を採用、流用することで低コスト化にも取り組んでいます。

CFS社は、希土類バリウム銅酸化物(REBCO)と呼ばれる高温超伝導材料を活用し、20テスラの超強力な磁場を実現することで、トカマク型の大幅な小型化を目指しています。これにより、短期間での初送電や低コスト化の実現することを目指しています。さらに、英国原子力公社(UKAEA)のような公的機関も、米国エヌビディアコーポレーション社(NVIDIA)のような半導体メーカーとパートナーシップを結び、デジタルツインの構築、AIによるロボット制御トレーニング、中性子輸送シミュレーションに取り組んでいます。こういった革新要素技術によるフュージョン実用化の加速の検討は、わが国は当然技術的には可能でありながら、欧米と比べれば、今まで注力されてこなかった弱い領域です。こうした革新的要素技術の領域に、非常に戦略的に投資をする世界的な動きは留意する必要があります。例えば、メガワット級ジャイロトロンや界面の工学膜、先進ナノ構造合金などの先進高温超伝導導体など、要素技術の観点から戦略的に投資をしていく動きは、日本でも望まれます。

革新的な社会実装

現在、公的プログラムでフュージョンエネルギーというと、基本的には発電利用を指します。しかし、スタートアップでは、その大半が発電以外のエネルギーの応用を計画または検討しています。

図に、フュージョン企業が狙う主な市場を示しています。主な市場としては、発電用途が突出して多い一方で、オフグリッド、水素製造、工業用熱供給といった用途を第一マーケットに据えているスタートアップもあります。

こうした医療応用や工業用熱供給、宇宙推進機は、いわば、将来の市場から逆算してニーズを見出し、現在のフュージョン研究を行っているということを意味しています。これにより、フュージョンエネルギー業界には、足元の産業応用から将来の宇宙拡張に至るまで、幅広い社会や産業構造の変革に取り組むような挑戦の多様性が存在しています。

◉フュージョン企業が狙う主な市場

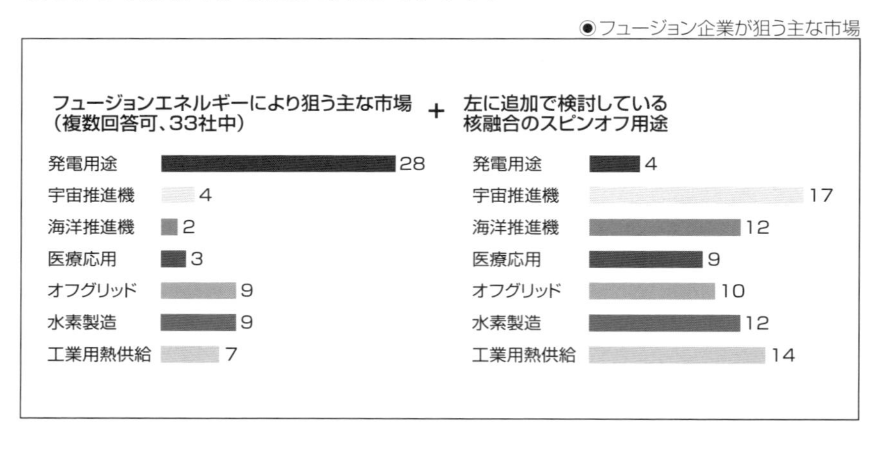

SECTION-49
産業へと羽ばたくフュージョンインダストリー

1000兆円市場!?のフュージョンインダストリー

1000兆円。この巨大な数字は、英国政府が国家戦略の中で触れた将来のフュージョンエネルギー関連産業の市場規模です。これは、長年学術研究期にあったフュージョンエネルギーが、今まさに産業黎明期へと差し掛かっていることを示しています。この数字からは、フュージョンは脱炭素・エネルギー安全保障のみならず、産業としても極めて大きな可能性を有していることが明らかです。

では、この飛躍的な市場の拡大はどのように起こるのでしょうか?　そこには、次の4フェーズが関わってくると考えられます。

❶ 学術研究期(従来)

ITER計画など実験装置を主な市場とし、国際協調の性格が強い。市場規模は1000億円程度。

❷ 産業黎明期(〜2035年)

公的計画に加えて革新的な取り組みを行う民間企業による投資が活発化し、国際競争が進む。市場規模は数千億円規模に成長。

❸ 産業成長期(〜2045年)

各国政府による発電所初号機(原型炉)の建設が進む一方、プレーヤーの寡占化が進み、プラントメーカーを有する国家が数カ国に絞られる。市場規模は数兆円規模に達する。

❹ 産業成熟期(2045年〜)

フュージョンが社会基盤をささえるエネルギー源としての地位を確立する。世界的な基幹産業の1つとして、数十兆円〜数百兆円市場に育つ。

フュージョンエネルギー研究で先行し、世界に冠たるものづくり力を有する日本には、この新たな国際市場において世界的シェアを確保し、これを新たな輸出産業へと成長させられる可能性があります。フュージョンエネルギーは、近代以来エネルギーによる国富流出に苦しめられてきた日本を、歴史上初めて「エネルギー黒字国」へと転じさせる可能性を秘めたゲームチェンジャーであるといえるでしょう。

日本をエネルギー輸出国にする。そんな夢を秘めたフュージョンインダストリーという新たな産業が、今まさに離陸しようとしています。

◉フュージョンインダストリーの見通し

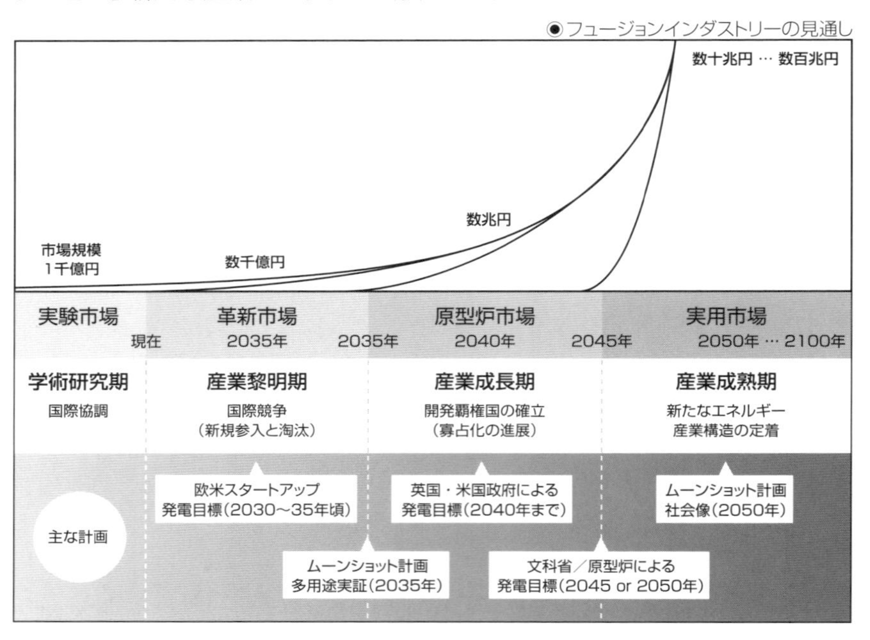

CHAPTER 7
日本の技術と国際交流

SECTION-50

高周波技術

最終章である本章では、主として、日本で開発された技術がどのように普及、波及していったかを記すと共に、フュージョンエネルギー開発にかかわるさまざまな形の交流を取り上げます。フュージョンエネルギーは、いろいろな分野にまたがり、多種多様な技術を集積しなければなりません。そのような特徴から、技術の波及も交流も範囲が広いのが特徴です。読者のみなさんも意外な所でフュージョンエネルギーと接点ができるかもしれません。

高周波技術の広がり

高周波とは、速く振動する波のことであり、特に電気的な振動のことを指す場合が多いです。みなさんの日常生活では携帯電話の電波がもっとも身近でしょう。フュージョンエネルギーにおいては、プラズマを加熱したり、プラズマ中に電流を流したり、プラズマの測定に用いられたりします。特に前者においては、高パワーで、長時間運転が可能で、振動数の高い、発振器の開発が行われました。また、プラズマに入射するためのアンテナの開発、精密な測定方法の開発など、高周波を扱うための技術開発も盛んです。これらの高周波技術は、他の研究分野や加熱が必要な製造技術に広がりつつあります。また、宇宙太陽光発電、ロケットにおける送電技術への応用なども試みられています。日本で開発された3つの高周波技術を紹介します。

エネルギー回収型発振器

プラズマを高周波で加熱するには、1つで数百から千キロワットの高パワー発振器が必要ですが、フュージョンエネルギーの研究とともに開発がすすめられた発振器としてジャイロトロンがあります。これは高いエネルギーまで加速された電子の回転運動エネルギーを電磁波に変換する装置ですが、以前の装置では、電子のエネルギーの3割程度しか、電磁波のエネルギーに変換できませんでした。使われなかったエネルギーは熱として捨てられていたのですが、これを電池を充電するように回収する方法を当時の日本原子力研究所（現在のQST）と東芝（現在のキヤノン電子管デバイス）が開発しました。これをエネルギー回収型ジャイロトロンと呼びます。これによりエネルギー効率は

5割以上に上がり、現在では、この技術は世界標準となりました。

多周波数遠赤外光源

波長が1ミリ以下で数十ミクロン以上の光の波長領域を遠赤外と呼びますが、最近は、周波数が1テラヘルツ前後であることからテラヘルツ領域とも呼ばれます。この領域は、強力な光源がなく、電磁波の未踏領域でしたが、特殊なジャイロトロンによって開拓されつつあります。開拓を先導しているのは福井大学の遠赤外領域開発センターで、当時、周波数の低かったジャイロトロンに対してさまざまな工夫をすることで、徐々に周波数の高いジャイロトロンを開発し、2005年には、1テラヘルツを越える周波数を達成しました。このような周波数での高パワー光源は、フュージョンエネルギーだけでなく、基礎物理学、材料科学、生命科学に用いられます。

コムラインアンテナ

東京大学では、コムライン型と呼ばれるアンテナを米国GA社の研究者と開発し、TST-2球状トカマク装置でプラズマ実験に用いています。このアンテナでは、櫛(コム)の歯のようにいくつもの導体が並び、導体間の静電的あるいは電磁的結合により波が伝わっていく構造を持っています。これによりプラズマ中に電流を流すのに適した波が自然に励起されるという特徴があり、従来のアンテナに比べて、コンパクトであること、アンテナからの不要な電力の戻りが少ないという優れた特性があります。現在、海外の研究機関も興味を示しており、東京大学が協力している機関もあります。

SECTION-51

AI・IT技術

フュージョンエネルギーは高温高密度プラズマで発生しますが、このプラズマは非常に複雑です。プラズマは電子、多種のイオンで構成され、それらが電流や磁場や波を作ると共に、電流、磁場、波の影響を受けて、それらの振る舞いが変わります。ときには、プラズマが消滅するようなイベントも起きます。プラズマがどのような状態にあって、どのように制御すれば、望みの状態になるか、どのようにすればその状態を安定に保つことができるかは、簡単な数式で表すことは不可能です。そこで、近年発展著しい、AI(人工知能)技術の適用が試みられています。ここでは3つの例を紹介します。

強化学習によるプラズマ制御

茨城県にあるJT-60SA装置は稼働中の装置としては、世界最大のものですが、大きな目標の1つは高性能プラズマの実現です。高温高密度のプラズマを維持できることがわかっていても、そこに至るルート、すなわち時間的にどのように加熱、粒子補給すれば、そこに到達できるかは未知です。また、プラズマの振る舞いも予想とは違うかもしれず、従来のようなシミュレーションをもとにした予測と制御では不十分でした。そこで、プラズマが予想外の振る舞いをすることを考慮した膨大な数のシミュレーションと強化学習、プラズマの振る舞いの推定機構を組み合わせて、高性能制御システムの作成に成功しました。具体的な制御システムは、人間の脳神経系を模擬したニューラルネットワークで構成され、上述した方法で学習をすることで、ニューラルネットワークを仕上げていきます。いったん仕上がったニューラルネットワークは実時間でプラズマの状態の推定と制御を行います。

崩壊の予兆検出

世界最大のヘリカル方式としてこの方式での研究をけん引してきたのは岐阜県にあるLHD装置ですが。この装置では、密度が高くなりすぎてプラズマが崩壊することありました。このような崩壊を事前に防ぐことは重要で、そのためには時間的余裕をもって崩壊の予兆を捉えることが求められます。LHDで崩壊が起きたケースと崩壊が起きなかったケースを機械学習の一方法であるサポートベクターマシンで学習させ、分類しました。これにより、従来よりも早期に正確に崩壊の予兆を捉えることに成功しました。さらに、スパースモデリングという手法を用いて、どのようなパラメータが重要であるかを明らかにしました。一般に、性能が高いプラズマであるほど、高温高密度であり崩壊しやすいため、崩壊の予兆を早く正確に捉える必要があります。それができれば、崩壊しやすくかつ高性能なプラズマを安定に維持することできるようになります。このような優れた制御の確立手法は、さまざまな分野に適用することができます。

スーパーコンピューターよりも速い計算機

プラズマ制御で取り上げた、ニューラルネットワークは複雑な応答を高速で再現できるのが特徴です。ニューラルネットワーク自体は計算機ですので、計算機よりも速い計算機が実現され、使用されている例を紹介します。

フュージョンプラズマは複雑な系ですが、その大きな要因は乱流の存在です。非常に小さなスケールが非常に大きなスケールに影響を及ぼしたり、及ぼされたりするのが乱流の複雑さと難しさの要因です。その結果、乱流のシミュレーションはスーパーコンピューターを使っても長い時間がかかります。乱流の中でもプラズマの乱流はもっともシミュレーションがたいへんで、国内の主要なスーパーコンピューターでもプラズマの乱流計算にかなり時間を使っています。したがって、少し条件が違うからといって、手軽に乱流計算をやり直せるわけではないのです。一方、制御器の試験などでは、条件の違う膨大な数の乱流計算結果が必要になります。そこで、今まで計算した結果をニューラルネットワークに学習させることにしました。その結果、学習したニューラルネットワークは、あたかも乱流計算をしたような顔をして結果を素早く出してくれるようになりました。

最近、生成系AIと呼ばれるツールは、まるで、人間のように文章や絵や音楽を作成しますのが、これはスーパーコンピューターのようなツール（計算機）です。

SECTION-52

高温超伝導コイルの核融合実験での初利用

Mini-RT磁気浮上ダイポール装置

東京大学高温プラズマ研究センターでは、核融合科学研究所及び九州大学との共同で、ダイポール磁場を利用した先進的高ベータプラズマ閉じこめ装置Mini-RTを研究開発し、2003年から超伝導コイルを磁気浮上させた状態でのプラズマ実験を開始しました。

同装置は、核融合プラズマ実験装置に高温超伝導を用いた世界初の実施例となっています。実験装置としての取扱いを容易にするため、Bi2223の高温超伝導コイルを用い、寒冷剤供給なしの状態で固体比熱による8時間の磁気浮上及びプラズマ実験が可能な装置となっています。ちなみに、Bi2223は1988年に日本の前田弘博士らによって発見され、超伝導状態になる臨界温度がマイナス163度(110K)と高いことが特徴の高温超伝導体です。

当時は高温超伝導の応用が始まったばかりの時期で、純銀の基材中に複数のBi2223フィラメントを埋め込んだデリケートな高温超伝導線を慎重にコイル状に巻線し、永久電流スイッチや着脱式電流リードなどの種々の開発機器と組み合わせることで、世界初の実験装置として完成させています。

その後10年間のプラズマ実験を実施しましたが、磁気浮上コイルの特性劣化が目立ってきたため、2013年に磁気浮上コイルの高温超伝導体をBi2223からより高性能のREBCOへ交換し、性能を向上した実験装置として2019年まで稼働しました。

REBCOを用いた高温超伝導コイルは高磁場の発生が可能なため、核融合炉、加速器、発電機、電動機、超伝導磁気エネルギー貯蔵装置(SMES)など、さまざまな分野での応用が期待されています。

SECTION-53

高温プラズマ実験を支えるカーボン(炭素)

カーボン材料には、さまざまな作り方があり、多様な用途があります。核融合炉を目指した高温プラズマ実験装置では、プラズマからの熱を受け止めるため、またプラズマの周りの原子や分子を排気するため、炭素繊維強化炭素複合材(C/Cコンポジット)、等方性黒鉛材、活性炭が使われてきました。

高温プラズマ実験装置では、特にダイバータ板に対して、大きな熱負荷やプラズマからのイオンの衝突があります。イオンの衝突はダイバータ板を削り、削られた材料はプラズマ中に不純物として混入してプラズマの性能を劣化させることがあります。この影響は重い元素ほど大きいので、実験装置では比較的軽い元素であるカーボン材料で、熱を伝えやすく、温度による変形が少ないC/Cコンポジットや等方性黒鉛がダイバータ板材料として用いられています。これらの材料は核融合関係の他にも、耐熱性や高い強度が必要となる原子力や航空宇宙関係機器や一般工業製品製作のための機器に使われています。

高温プラズマを保持するためには、プラズマの周りの原子や分子を排気して、よい真空状態を保つことが重要です。このための排気装置として、活性炭を使ったクライオ(低温)吸着ポンプが用いられています。活性炭は肉眼では見えない細かい孔(細孔)がたくさん開いているカーボン材料で、ヤシ殻などから作られます。例えば脱臭剤など、吸着剤として一般的に使われています。クライオ吸着ポンプでは、活性炭を並べたパネルをマイナス250度以下に冷やして、核融合の燃料である水素同位体の吸着性能を高めて使います。核融合科学研究所では、いろいろな活性炭について細孔の特徴と排気性能の関係を研究して、高温プラズマ実験装置LHD用のクライオ吸着ポンプを開発しました。この過程で得られた知見から、活性炭をさまざまな形状に成形したり、細孔サイズを調整してウィルスを吸着するフィルタを作るなど、活性炭の新たな活用が行われています。

遠赤外光をガンマ線に変換

前に書きましたように遠赤外領域では、高性能光源が少ない状況でした。一方、フュージョン研究において遠赤外レーザー光源は重要で、何十年にも渡って開発された結果、性能が向上しました。開発されたレーザーは、連続稼働、高安定で、高パワーです。このレーザーはITERでも用いられる予定ですが、兵庫県にある放射光施設Spring-8では、レーザーの良好な特性を活かして原子核研究に用いています。

原子核の研究には、非常に高いエネルギーのガンマ線が有用ですが、高エネルギー電子を光にぶつける方法で作り出すことができます。ぶつける相手の光として、開発された遠赤外レーザーは最適でした。これを用いることで、安定で精密なガンマ線が使えるようになりました。遠赤外レーザーの黎明期から多くの日本人がコツコツ積み上げていたものが、世界にも、他の分野に認められました。

SECTION-54

セカンドライフは海外で

トマカクを生み出したのはソ連（現ロシア）で、Tシリーズと呼ぶたくさんのトマカクを製作しました。最新のものは、T-15MDです。T-7はソ連で最初に作られた超伝導コイルを用いたトマカクでしたが、使用は終了していました。これが中国の合肥の研究所へ譲渡され、中国の研究者により徹底的に調査、改造され、HT-7トカマク装置として生まれ変わりました。このときの経験が、次の大型装置EASTの技術基盤になりました。ソ連からは他にもチェコやイランに装置が送られました。

英国はフュージョン研究の黎明期から活躍している国ですが、ここからは2つの装置が海外に行っています。1つは小型トマカクCOMPASSです。これはチェコのプラハの研究所に譲渡され、数年間、実験に用いられました。現在、より大きな後継装置が建設中です。

球状トマカクは、弱い磁場で高い圧力のプラズマを保持できるという特徴があり、コンパクトなフュージョンエネルギー炉として注目されています。最初に、その高い性能を実証したのが英国のSTARTという小型装置でした。その後、その装置の円筒型の真空容器がイタリアのフラスカティの研究所に譲渡され、別な装置に使われています。

ドイツの中型トカマクのASDEX装置は、中国成都の研究所で、HL-2Aとなりました。その後、より大きなHL-2M装置が製作され運転されています。日本から海外に行った装置もあります。NOVA-IIは京都大学にあった小型トカマク装置ですが、現在はブラジルのカンピーナス大学でNOVA-UNICAMP装置となっています。他にも海外に行った装置はたくさんあります。

SECTION-55

国際協力

ITERは、7極（日欧中米露韓印）が参加した国際協力ですが、この7極は、フュージョンエネルギー開発に積極的です。この7極以外にも、カナダ、イラン、ブラジル、オーストラリアは古くからフュージョンエネルギー開発に取り組んできており、物と人の交流がこの7極とありました。

日本は歴史的に米国との協力関係が強かったです。米国は、今でこそ、フュージョンエネルギーの開発を民間に移しつつありますが、技術開発でも理論研究でも世界を牽引してきました。当然、米国で技術や理論を学んで日本に持ち帰ることもありましたし、優秀な日本の人材が、米国で活躍し、米国に永住するという例もありました。米国は日本の研究開発に大きな貢献をしましたし、その逆もあります。

地理的要因から、日本は韓国、中国との協力や共同研究が盛んです。例えば、現在、成都の大学で建設中CFQS装置では、同じヘリカル方式で経験と実績のある岐阜県の核融合科学研究所が協力、特に磁場配位の設計で協力しています。

これまで大学や国の機関が何十年というタイムスケールで協力や支援を行ってきましたので、今後も期待したいものです。一方、昨今の世界情勢の変化、多数のスタートアップ企業の設立を含むフュージョンエネルギーへの期待の盛り上がりは、これまでとは異なる関係を作りつつあります。1つはタイ、台湾といった国や地域がフュージョンエネルギーに関心を持ち始め、各国が協力しています。国と国の協力関係は、世界情勢や政治の影響を受けますが、そういう情勢に反するような協力がされた例もある所が面白い点です。

スタートアップ企業の動きはもっと活発です。国境を簡単に越えますし、同じ国でも競争があります。また、競争ではなく協力、分業も行われます。むしろ、スタートアップ企業の方が国やパートナーを選んでいると言ってもよいかもしれません。

SECTION-56

次世代へのバトンタッチ

フュージョンエネルギーはいつ実用化するのでしょうか。企業や国によっては、2040年前後を考えています。一方、日本の次期大型実証炉は、2050年前後の稼働を想定して、設計等がすすめられています。したがって、今の若手がリタイアするころには実用化されていると考えられます。

それでは、今の子供たちは、フュージョンエネルギーの開発には無関係でよいのでしょうか。携帯電話の発展を見るとわかりますが、普及し始めたのが第一世代1Gで、およそ30年前です。その後、世代を重ね現在、第五世代5Gが最新です。おそらくフュージョンエネルギーも第一世代が2040~2050年頃だとして、その後、第二世代、第三世代と進化していくものと思われます。その過程で、CHAPTER 1で紹介したようないろいろな方式が実用化され、さまざまな夢が世代の進展に合わせて実現していくでしょう。

そのように考えると、技術と知識を伝えていくことが大事であることに気が付きます。まずは、子供や学生に、研究や技術開発に興味を持ってもらわないと話になりません。大学や学会では、子供、高校生を対象に、展示や実習を行って、フュージョンエネルギーや科学に興味を持ってもらおうとしています。日本でフュージョンエネルギーを扱っている学会の1つである、プラズマ・核融合学会は、いくつかのイベントを主催・共催しています。1つは、小中学校生を対象にした「おもしろ科学教室」で、毎年、名古屋大学を会場にして、子供たちにプラズマ、真空、放電、超伝導磁石、人工ダイヤモンドを見せています。関東では、日本大学で「小学生のための夏休み自由研究教室」が開催され、同様の展示、デモンストレーションが行われています。

高校生を対象にしたイベントとして「高校生シンポジウム」があります。これは、各地のフュージョンエネルギーを研究している研究室に地元の高校生が訪問して実習を行い、その結果をシンポジウム形式で発表するイベントです。さすがに高校生ともなると高度な内容も多くなります。反対に教科書に載っている公式を自分たちで工夫して確かめたりすることもあります。また、グループワークが基本ですので、高校生にとっては、よい思い出になるようです。願わくは、彼らが科学に興味を持ち、次世代のフュージョンエネルギーに貢献してもらいたいものです。

INDEX

記号・英数字

あ行

か行

さ行

た行

な行

は行

ま行

や行

ら行

核融合エネルギーフォーラム書籍編集委員会

■ 編著者

江尻晶(CHAPTER 1、7)

1965年東京都生まれ。1992年東京大学大学院理学系研究科博士課程単位取得退学、博士(理学)、核融合科学研究所助教、東京大学理学系研究科助教を経て、現在、東京大学大学院新領域創成科学研究科複雑理工学専攻教授。主に、プラズマ計測手法、球状トカマクプラズマの研究に従事。

南貴司(CHAPTER 2、3)

1962年奈良県出身。奈良女子大学文学部附属中学校高等学校 (現 中等学校)卒。1988年京都大学理学部卒。1993年京都大学大学院理学研究科 物理第二教室単位取得退学。2003年 総合研究大学院大学 論文博士(理学) 核融合科学研究所助教。京都大学エネルギー理工学研究所准教授。京都フュージョンエンジリアニング技術顧問&シニアリサーチャー、現筑波大学プラズマ研究センター主幹研究員。

谷口正樹(CHAPTER 4、5)

1971年大阪府生まれ。1999年東京大学大学院工学系研究科システム量子工学専攻修了、博士(工学)。量子科学技術研究開発機構経営企画部第3研究企画室次長。ITER用ダイバータ開発、NBI開発に従事後、現在はITER計画・BA活動に関する国際交渉を担当。

武田秀太郎(CHAPTER 6)

1989年三重県生まれ。2018年京都大学大学院エネルギー科学研究科・博士(エネルギー科学)、ハーバード大学大学院・修士(サステナビリティ学)。京都フュージョンニアリング株式会社共同創業者兼Chief Strategist。九州大学都市研究センターフュージョンエネルギー部門長・准教授。

■ 著者

三戸利行(CHAPTER 7)

1955年生。九州大学院・工学研究科・博士後期課程修了。工学博士(九州大学)。高エネルギー物理学研究所・助手。京都大学ヘリオトロン核融合研究センター・助教授。核融合科学研究所・助教授、教授を経て、現在、同研究所・特任教授。核融合用・超伝導低温システムの開発研究に従事。

増崎貴(CHAPTER 7)

1967年生まれ。1995年名古屋大学大学院工学研究科博士後期課程修了、博士(工学)。核融合科学研究所・助手、同・准教授を経て、現在同・教授および総合研究大学院大学・教授。主に、環状プラズマ閉じ込め装置のダイバータプラズマの研究、プラズマと壁の相互作用の研究に従事。

坂本宜照(CHAPTER 5)

1970年茨城県生まれ。1998年筑波大学大学院物理学研究科修了、博士(理学)。量子科学技術研究開発機構核融合炉システム研究グループ・グループリーダー。JT-60Uで先進プラズマ実験に従事後、現在は原型炉設計を担当し産学連携の原型炉設計合同特別チームのリーダーも務める。

白井浩(CHAPTER 5)

1960年山口県生まれ。1984年京都大学大学院工学研究科原子核工学専攻修士課程修了、博士(工学)。量子科学技術研究開発機構フュージョンエネルギー推進戦略室室長。JT-60閉じ込め輸送研究、サテライト・トカマク事業長、ITER計画・BA活動に関する国際交渉を担当し現職。

井上多加志(CHAPTER 4)

1960年東京都生まれ。1986年東京工業大学大学院エネルギー科学専攻修士課程修了。水素負イオン研究黎明期に核融合研究に身を投じ、実用化を目指す。博士(工学)。量子科学技術研究開発機構ITERプロジェクト部部長。2025年IAEA核融合エネルギー会議プログラム委員会議長。

小西哲之(CHAPTER 5)

1956年生まれ。東京大学博士(工学)。京都大学エネルギー理工学研究所教授を経て、2019年に共同創業者として京都フュージョニアリングを設立。2023年10月より同社CEO。一般社団法人フュージョンエネルギー産業協議会会長。

岩本みさ(CHAPTER 6)

1999年広島県生まれ。2020年呉工業高等専門学校環境都市工学科卒業(首席)、現在九州大学大学院工学府博士後期課程在学。フュージョンエネルギーの社会経済研究に取り組む。日本都市計画学会九州支部長賞、プラズマ・核融合学会若手学会発表賞ほか受賞。

■ 編者

核融合エネルギーフォーラム

大学、研究機関、産業界などの研究者・技術者並びに各界の有識者などからの参加を広く求め、核融合エネルギー実現に向けた研究・技術開発の促進・支援などを協力して実施。国立研究開発法人量子科学技術研究開発機構と自然科学研究機構核融合科学研究所が連携して事務局を務めている。
https://www.qst.go.jp/site/fusion-energy-forum/

■参考文献

1：「Tokamaks Forth Edition」John Wesson Oxford Science Publications

2：「核融合-臨界への挑戦-」G.S.Voronov 関口忠 監訳　飯田慶幸訳 オーム社

3：「SUPERサイエンス 人類の未来を変える核融合エネルギー」
核融合エネルギーフォーラム編 C&R研究所

4：「核融合エネルギーのきほん」「核融合エネルギーのきほん」出版委員会誠文堂新光社

5：「The global fusion industry in 2024（英語）」Fusion Industry Association

6：WEBサイト「ITER – the way to new energy」https://www.iter.org

7：WEBサイト「先進プラズマ研究開発—量子科学技術研究開発機構」
https://www.qst.go.jp/site/jt60/

8：WEBサイト「JET: the Joint European Torus - Culham Centre for Fusion Energy」
https://ccfe.ukaea.uk/programmes/joint-european-torus/

編集担当 ： 西方洋一 / カバーデザイン：秋田勘助（オフィス・エドモント）
写真：©Miroslaw Gierczyk - stock.foto

世界が驚く技術革命「フュージョンエネルギー」

2025年1月25日　　初版発行

編著者　核融合エネルギーフォーラム書籍編集委員会
江尻晶、南貴司、谷口正樹、武田秀太郎

編　者　核融合エネルギーフォーラム

発行者　池田武人

発行所　株式会社　シーアンドアール研究所
新潟県新潟市北区西名目所 4083-6（〒950-3122）
電話　025-259-4293　FAX　025-258-2801

印刷所　株式会社　ルナテック

ISBN978-4-86354-471-0 C0042